概率论

伍锦棠　吴荣　王志焕　主编

清华大学出版社
北京

内 容 简 介

本书共5章,主要介绍概率论的基本概念、随机变量及其分布、随机变量的数字特征、大数定律与中心极限定理的应用等。

本书的编写从我国港澳台地区学生及外国留学生的实际出发,通俗易懂,注重基本概念的描述,强调对概念的阐释及公式、定律、定理在生活实际中的应用,适合数学基础相对一般的读者。

本书结构严谨,逻辑清晰,叙述清楚,行文简洁流畅,例题丰富,可读性强,可供高等学校各专业港澳台学生及外国留学生、民办本科院校各专业学生、高职高专院校各专业学生作为教材使用,也适合自学者使用。

版权所有,侵权必究.举报:010-62782989,beiqinquan@tup.tsinghua.edu.cn。

图书在版编目(CIP)数据

概率论/伍锦棠,吴荣,王志焕主编.—北京:清华大学出版社,2023.8
ISBN 978-7-302-63980-0

Ⅰ. ①概… Ⅱ. ①伍… ②吴… ③王… Ⅲ. ①概率论－高等学校－教材 Ⅳ. ①O211

中国国家版本馆 CIP 数据核字(2023)第 116956 号

责任编辑:佟丽霞　赵从棉
封面设计:常雪影
责任校对:赵丽敏
责任印制:沈　露

出版发行:清华大学出版社
　　　　网　　址:http://www.tup.com.cn, http://www.wqbook.com
　　　　地　　址:北京清华大学学研大厦 A 座　　邮　编:100084
　　　　社 总 机:010-83470000　　邮　购:010-62786544
　　　　投稿与读者服务:010-62776969, c-service@tup.tsinghua.edu.cn
　　　　质量反馈:010-62772015, zhiliang@tup.tsinghua.edu.cn
印 装 者:三河市东方印刷有限公司
经　　销:全国新华书店
开　　本:170mm×230mm　　印　张:7.25　　字　数:137 千字
版　　次:2023 年 8 月第 1 版　　印　次:2023 年 8 月第 1 次印刷
定　　价:25.00 元

产品编号:088255-01

前言

目前,华侨大学有来自我国港澳台地区的学生和90多个国家的外国留学生7600多人,是全国港澳台学生及外国留学生人数最多的高校之一.由于港澳台学生及外国留学生中数学教育参差不齐,基础不一,统一沿用国内大学数学教材显然不切实际.鉴于此,我们通过研究部分我国港澳台地区学生及外国留学生所在地的高中数学教材,并与专业学院沟通,深入了解不同专业对概率论课程的实际需求,结合多年的港澳台学生及外国留学生概率论课程教学经验,编写了这本港澳台学生及外国留学生校本教材.

在本书的编写过程中,我们尽可能遵循如下原则:在保证符合专业需求和教学质量的基础上,根据港澳台学生及外国留学生实际,由浅入深,由易到难,循序渐进,尽可能增加例题讲解.为体现上述原则,编写本书时,我们对内容作了如下安排:

第1章基础知识,主要介绍初高中知识,如集合的概念、函数的定义、排列组合等,并介绍了若干重要公式、法则和结论.

第2章介绍概率论的一些基本性质.

第3章讨论随机变量及其分布.

第4章介绍随机变量的一些数字特征,以数学期望为核心展开讨论,介绍了数学期望、方差等.

第5章讨论大数定律与中心极限定理,对它们的数学背景和应用背景做了较为详细的介绍.

书中标*的内容和例题可以选讲.

在本书编写过程中我们参考了部分国内外教材,在此特向本书中所引用和参考的教材的编者表示诚挚的谢意.清华大学出版社对本书的编审、出版给予了热情支持和帮助;华侨大学教务处、数学科学学院也给予了大力支持;本教材获华侨大学2021校重点规划教材建设资助项目(教务〔2021〕122号)、福

前　言

建省本科教育教学改革项目(FBJG20200181)等支持；教材中的插图由数学科学学院 2020 级数学与应用数学专业郑量提供，在此一并致谢！

由于编者水平有限，且时间仓促，不足之处在所难免，希望专家、同行、读者给予批评指正．

编者

2023 年 7 月

第1章	基础知识	1
1.1	实数集	1
	1.1.1 集合的概念	1
	1.1.2 集合的运算	1
	1.1.3 实数集、数轴、绝对值、区间	1
1.2	函数概述	2
	1.2.1 函数的定义	2
	1.2.2 函数的表示法	3
	1.2.3 函数的四则运算	3
	1.2.4 复合函数	3
	1.2.5 反函数	4
1.3	排列组合	4
	1.3.1 加法原理和乘法原理	4
	1.3.2 排列与组合	5
1.4	若干重要公式、法则及结论	6
	1.4.1 几个重要函数求导公式及求导法则	6
	1.4.2 几个重要积分公式及积分计算方法	6
	1.4.3 定积分的几何意义及性质	7
	1.4.4 若干重要等式	8
1.5	概率论发展简史	8
第2章	概率及其性质	10
2.1	随机事件	10
	2.1.1 样本空间与随机事件	10
	2.1.2 事件间关系与运算	12

2.2 概率的定义及性质 ·· 13
    2.2.1 概率的统计定义 ·· 13
    2.2.2 概率的公理化定义 ··· 15
    2.2.3 概率的性质 ··· 15
2.3 古典概率模型和几何概率模型 ··· 16
    2.3.1 古典概率模型 ··· 16
    2.3.2 几何概率模型 ··· 20
2.4 条件概率与事件的独立性 ·· 22
    2.4.1 条件概率的定义 ·· 23
    2.4.2 乘法公式 ·· 23
    2.4.3 全概率公式 ··· 25
    2.4.4 贝叶斯公式 ··· 28
    2.4.5 事件的独立性 ··· 29
习题 ··· 30

第 3 章 随机变量及其分布 ·· 33

3.1 随机变量的概念 ·· 33
    3.1.1 随机变量 ·· 33
    3.1.2 分布函数 ·· 34
3.2 随机变量的分类 ·· 37
    3.2.1 一维随机变量的分类 ··· 37
    3.2.2 二维随机变量的分类 ··· 48
3.3 随机变量的函数的分布 ··· 52
    3.3.1 一维随机变量的函数的分布 ····································· 53
    3.3.2 二维随机变量的函数的分布 ····································· 56
3.4 条件分布 ·· 65
    3.4.1 二维离散型随机变量的条件分布 ······························· 66
    3.4.2 二维连续型随机变量的条件分布 ······························· 66
习题 ··· 67

第 4 章 随机变量的数字特征 ·· 70

4.1 数学期望 ·· 70
    4.1.1 算术平均与加权平均 ··· 70

    4.1.2 数学期望的定义 ·· 71
    4.1.3 几个重要一维随机变量的数学期望 ···························· 72
    4.1.4 数学期望的性质 ·· 76
  4.2 方差与协方差 ··· 77
    4.2.1 方差与标准差的定义 ··· 77
    4.2.2 方差的性质 ·· 78
    4.2.3 几个重要一维随机变量的方差 ································· 78
    4.2.4 协方差 ··· 81
    4.2.5 相关系数 ·· 84
  4.3 分布的其他特征数 ··· 85
    4.3.1 k 阶矩 ·· 85
    4.3.2 变异系数 ·· 85
    *4.3.3 分位数(针对连续型随机变量) ································· 86
    *4.3.4 偏度系数 ·· 86
    *4.3.5 峰度系数 ·· 87
  习题 ··· 88

第 5 章 大数定律与中心极限定理 ··· 90
  *5.1 随机变量序列的两种收敛性 ·· 90
    5.1.1 依概率收敛 ·· 90
    5.1.2 弱收敛、按分布收敛 ··· 91
  5.2 大数定律 ·· 91
    5.2.1 大数定律的一般形式 ··· 91
    5.2.2 几个常见的大数定律 ··· 92
  5.3 中心极限定理 ··· 95
  习题 ··· 99

习题答案 ··· 101

参考文献 ··· 106

附录 标准正态分布函数表 ·· 107

第 1 章

基 础 知 识

学习概率论课程需要用到集合论、排列组合、导数、积分等基础知识,鉴于部分学生数学基础水平参差不齐,本章将课程学习中部分必备知识列出.

1.1 实 数 集

1.1.1 集合的概念

具有某种共同属性的对象的全体称为**集合**,通常用大写字母 $A,B,C,\cdots$ 表示. 组成集合的每一个对象称为集合的**元素**,通常用小写字母 $a,b,c,\cdots$ 表示. 若 x 是集合 X 中的元素,则称 x 属于集合 X,记作 $x\in X$;若 x 不是集合 X 中的元素,则称 x 不属于集合 X,记作 $x\notin X$. 不含有任何元素的集合称为**空集**,记为 $\varnothing$.

1.1.2 集合的运算

若集合 A 中的所有元素都是集合 B 的元素,则称 A 为 B 的**子集**,记为 $A\subset B$.

由集合 A 与 B 的所有公共元素构成的集合称为 A 与 B 的**交集**,记为 $A\cap B$ 或 AB.

由集合 A 与 B 的所有元素构成的集合称为 A 与 B 的**并集**,记为 $A\cup B$ 或 $A+B$.

由包含在集合 A 中而不包含在集合 B 中的所有元素所组成的集合称为 A 与 B 的**差集**,记为 $A-B$.

在所考虑的范围中,由不属于集合 A 的其他所有元素所构成的集合称为 A 的**补集**,记为 A^c.

1.1.3 实数集、数轴、绝对值、区间

实数集(用 $\mathbb{R}$ 表示)由有理数集(用 $\mathbb{Q}$ 表示)和无理数集(用 $\mathbb{Q}^c$ 表示)两部分组

成.在一条水平直线上取一定点 O 作为**原点**,指定一个方向为**正方向**(一般把从原点向右的方向规定为正方向),再规定一个**单位长度**,这种具有原点、正方向和单位长度的直线称为**数轴**.实数集与数轴上的点有一一对应关系.本书只在实数集范围内研究问题.

集合 $\{x \mid a \leqslant x \leqslant b\} = [a, b]$ 称为**闭区间**;集合 $\{x \mid a < x < b\} = (a, b)$ 称为**开区间**;集合 $\{x \mid a \leqslant x < b\} = [a, b)$ 称为**左闭右开区间**;集合 $\{x \mid a < x \leqslant b\} = (a, b]$ 称为**左开右闭区间**.上述区间统称为有限区间,如图 1-1 所示,可在数轴上对应表示.

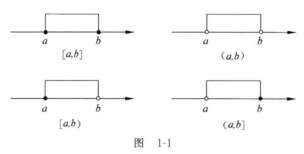

图 1-1

此外,引入记号 $+\infty$(读作正无穷)和 $-\infty$(读作负无穷),则类似可得无限区间,例如

$$\{x \mid x > a\} = (a, +\infty),$$
$$\{x \mid x \leqslant b\} = (-\infty, b].$$

1.2 函数概述

1.2.1 函数的定义

定义 1-1 设 A, B 是两个给定的非空实数集.若有对应法则 f,当取定 A 中任一数 x 时,总有 B 中唯一一个数 y 与之对应,则称 f 为定义在 A 上的**函数**.记作

$$f: A \to B,$$
$$x \mapsto y.$$

此种情况下,A 称为函数 f 的**定义域**,x 称为**自变量**,与 x 对应的 y 称为 f 在点 x 处的**函数值**,也称为**因变量**,常记为

$$y = f(x).$$

全体函数值构成的集合

$$f(A)=\{y\,|\,y=f(x), x\in A\}$$

称为函数 f 的**值域**.

1.2.2　函数的表示法

函数的表示法主要有三种,即解析法(或称公式法)、列表法和图像法.

有些函数在其定义域的不同部分中用不同的公式表示,这类函数通常被称为**分段函数**.例如:

绝对值函数

$$y=f(x)=|x|=\begin{cases} x, & x\geqslant 0, \\ -x, & x<0. \end{cases}$$

符号函数

$$y=f(x)=\mathrm{sgn}\,x=\begin{cases} -1, & x<0, \\ 0, & x=0, \\ 1, & x>0. \end{cases}$$

取整函数

$$y=f(x)=[x], \quad x\in\mathbb{R}.$$

其中 $[x]$ 表示不超过 x 的最大整数.例如,$[3.3]=3, [-4.5]=-5$.

1.2.3　函数的四则运算

给定函数

$$f(x), \quad x\in A_1$$

和函数

$$g(x), \quad x\in A_2,$$

记 $A=A_1\cap A_2$,若 $A\neq\varnothing$,定义函数 f 和 g 在 A 上的和、差、积运算如下:

$$F(x)=f(x)+g(x), \quad x\in A,$$
$$G(x)=f(x)-g(x), \quad x\in A,$$
$$H(x)=f(x)\times g(x), \quad x\in A.$$

若 $A^*=A\cap\{x\,|\,g(x)\neq 0, x\in A_2\}\neq\varnothing$,则定义函数 f 和 g 在 A^* 上的商运算如下:

$$L(x)=\frac{f(x)}{g(x)}, \quad x\in A^*.$$

1.2.4　复合函数

设有两个函数

$$y = f(u), \quad u \in B,$$
$$u = g(x), \quad x \in A.$$

若函数 g 的值域与函数 f 的定义域相交不为空集,即
$$\{u \mid u = g(x), x \in A\} \cap B \neq \varnothing,$$
记 $A^* = \{x \mid u = g(x) \in B\} \cap A \neq \varnothing$,则可定义新的函数:
$$y = f[g(x)], \quad x \in A^*,$$
称为函数 f 和 g 的**复合函数**,并称 f 为**外函数**,g 为**内函数**,u 为**中间变量**.

1.2.5 反函数

设函数 $y = f(x)$ 在集合 A 上定义,其值域为 $f(A)$. 如果对每一个元素 $y \in f(A)$,均有唯一一个元素 $x \in A$ 满足 $f(x) = y$,将此对应规则记为 f^{-1},那么,按此对应规则可以得到一个定义在 $f(A)$ 上的函数:
$$x = f^{-1}(y),$$
称此函数为 $y = f(x)$ 的**反函数**.

显然,反函数 $x = f^{-1}(y)$ 的定义域为 $f(A)$,值域为 A. 习惯上,用 x 表示自变量,y 表示因变量. 因此,定义在 A 上的函数 $y = f(x)$ 的反函数可改写为
$$y = f^{-1}(x), \quad x \in f(A).$$

1.3 排列组合

排列与组合都是计算"从 n 个元素中任取 m 个元素"的取法总数的公式,其差别在于取出元素间是否考虑顺序. 公式的推导基于加法原理和乘法原理.

1.3.1 加法原理和乘法原理

1. 加法原理

如果某件事可通过 k 类不同途径之一去完成,在第一类途径中有 m_1 种完成方法,在第二类途径中有 m_2 种完成方法,……,在第 k 类途径中有 m_k 种完成方法,那么完成这件事共有
$$m_1 + m_2 + \cdots + m_k$$
种方法.

例 1-1 从泉州到香港可乘坐飞机、动车和长途汽车三种交通工具,如果一天内有两个航班飞往香港,有 20 趟动车(到达深圳)和 4 趟长途汽车(到达深圳)开往香港,则从泉州到香港,一天内有多少种不同的选择?

解 利用加法原理,可得一天内总的选择有
$$2+20+4=26 \text{ 种}.$$

2. 乘法原理

如果某件事需要经过 k 个步骤才能最终完成,第一个步骤有 m_1 种完成方法,第二种步骤 m_2 种完成方法,……,第 k 个步骤有 m_k 种完成方法,那么完成这件事共有
$$m_1 \times m_2 \times \cdots \times m_k$$
种方法.

例 1-2 从泉州到台湾需要到香港进行中转,已知从泉州到香港有飞机、动车和长途汽车三种交通工具,从香港到台湾有飞机和轮船两种交通工具,则由泉州到台湾有多少种不同的交通方式选择?

解 利用乘法原理,可得从泉州到台湾的不同的交通方式选择共有
$$3 \times 2 = 6 \text{ 种}.$$

1.3.2 排列与组合

从 n 个不同元素中任取 $m(m \leqslant n,$ 其中,n,m 均为自然数$)$个不同的元素按照一定的顺序排成一列,称为从 n 个不同元素中取出 m 个元素的一个**排列**.

从 n 个不同元素中取出 m 个元素的所有排列的个数,叫作从 n 个不同元素中取出 m 个元素的**排列数**,用符号 A_n^m 或 P_n^m 表示.

根据乘法原理,一个具体排列的第一个位置可以取这 n 个不同元素中的任何一个,有 n 种取法;同理,由于第一个位置已经用掉一个元素,第二个位置上可供选择的元素剩下 $n-1$ 个,有 $n-1$ 种取法;……,第 m 个位置有 $n-(m-1)=n-m+1$ 种取法,故取法总数为
$$A_n^m = n \times (n-1) \times \cdots \times (n-m+1) = \frac{n!}{(n-m)!},$$
其中,$n! = n \times (n-1) \times \cdots \times 2 \times 1$,规定 $0! = 1$. 特别地,当 $m=n$ 时的排列称为**全排列**.

例 1-3 从 $1 \sim 9$ 共 9 个自然数中任取 3 个,组成数字不重复的 3 位数,共有多少种组成方式?

解 根据乘法原理,此为 9 个不同元素中取出 3 个元素的所有排列的个数,共有
$$A_9^3 = 9 \times 8 \times 7 = 504 \text{ 种}.$$

从 n 个不同元素中任取 $m(m \leqslant n,$ 其中,n,m 均为自然数$)$个元素,不管顺序

并成一组,称为从 n 个不同元素中取出 m 个元素的一个组合.

从 n 个不同元素中取出 m 个元素的所有组合的个数,叫作从 n 个不同元素中取出 m 个元素的**组合数**,用符号 C_n^m 表示.

根据乘法原理,计算排列数时,我们也可以将它看成先从 n 个不同元素中取出 m 个元素,再对选出的 m 个元素进行全排列,即

$$A_n^m = C_n^m \times A_m^m,$$

因此,

$$C_n^m = \frac{A_n^m}{A_m^m} = \frac{n!}{m!(n-m)!}.$$

例 1-4 从 8 位同学中任选 3 人留在教室打扫卫生,共有多少种组成方式?

解 此为求从 8 个不同元素中取出 3 个元素的所有组合的个数,共有

$$C_8^3 = \frac{8!}{3! \cdot 5!} = \frac{8 \times 7 \times 6}{3 \times 2 \times 1} = 56 \text{ 种}.$$

1.4 若干重要公式、法则及结论

1.4.1 几个重要函数求导公式及求导法则

(1) $(x^a)' = a x^{a-1}$.

(2) $(a^x)' = a^x \cdot \ln a$,其中,常数 $a > 0$.

(3) $(\log_a x)' = \dfrac{1}{x \cdot \ln a}$,其中,常数 $a > 0, a \neq 1$.

(4) $(\sin x)' = \cos x, (\cos x)' = -\sin x$.

(5) 复合函数求导公式:若函数 $u = g(x)$ 在点 x 处可导,函数 $y = f(u)$ 在对应点 $u = g(x)$ 处也可导,则复合函数 $y = f[g(x)]$ 在点 x 处可导,且

$$(f[g(x)])' = f'[g(x)] \cdot g'(x).$$

1.4.2 几个重要积分公式及积分计算方法

(1) $\displaystyle\int x^a \, \mathrm{d}x = \begin{cases} \dfrac{x^{a+1}}{a+1} + C, & a \neq -1, \\ \ln|x| + C, & a = -1. \end{cases}$

(2) $\displaystyle\int a^x \, \mathrm{d}x = \dfrac{a^x}{\ln a} + C$,其中,常数 $a > 0, a \neq 1$.

(3) 分部积分公式:若函数 $u'(x), v'(x)$ 在 $[a, b]$ 上连续,则有

$$\int_a^b u(x)v'(x)\mathrm{d}x = [u(x)v(x)]_a^b - \int_a^b u'(x)v(x)\mathrm{d}x.$$

(4) 牛顿-莱布尼茨公式(也称微积分基本公式)：若函数 $f(x)$ 在 $[a,b]$ 上连续且 $F'(x)=f(x)$，则有

$$\int_a^b f(x)\mathrm{d}x = F(b) - F(a).$$

1.4.3 定积分的几何意义及性质

定积分的几何意义：当 $f(x) \geqslant 0$ 时，定积分 $\int_a^b f(x)\mathrm{d}x$ 作为一个数字、一个记号，在几何上，它表示由直线 $x=a$，$x=b$，x 轴，曲线 $y=f(x)$ 围成的平面图形的面积，如图 1-2 所示.

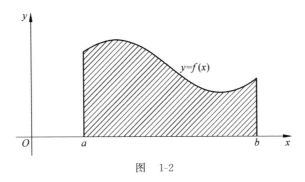

图 1-2

定积分的性质：定积分关于区间可加(大面积可分为两个小面积，如图 1-3 所示).

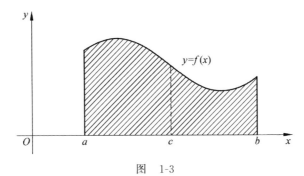

图 1-3

当 $\int_a^b f(x)\mathrm{d}x$ 存在时，$\forall c \in (a,b)$，$\int_a^b f(x)\mathrm{d}x = \int_a^c f(x)\mathrm{d}x + \int_c^b f(x)\mathrm{d}x$.

在第 3 章介绍一维连续型随机变量求分布函数时,这条性质起重要作用.

1.4.4 若干重要等式

(1) $(a+b)^n = \sum_{m=0}^{n} C_n^m a^m b^{n-m}$,其中 n 为正整数.

(2) $e^x = \sum_{k=0}^{\infty} \dfrac{x^k}{k!}$,$\forall x \in \mathbb{R}$.

(3) $\int_{-\infty}^{+\infty} e^{-\frac{x^2}{2}} dx = \sqrt{2\pi}$.

1.5 概率论发展简史

下面对概率发展史进行简单介绍,其中部分资料来自百度百科及其中参考文献.

公元前,在古希腊和古罗马时期,机会游戏十分盛行. 但是由于那时候古希腊的数字系统不能提供代数运算发展的机会,关于游戏的理论没能发展起来. 等到印度和阿拉伯地区发明了现代算术系统,意大利文艺复兴时期产生了大量的科学思想后,基于科学分析的概率论才得以发展.

1564 年前后,古典概率论创始人卡尔达诺(1501—1576,意大利)出版了第一本关于机会游戏的书——《论赌博游戏》,书中给出了掷骰子和扑克游戏中随机事件的概率的正确计算方法.

1654 年,为解决赌徒梅内提出的赌资分配问题,帕斯卡(1623—1662,法国)和费马(1601—1665,法国)将数学期望的思想引入到推理和计算中,掀起了概率领域的研究热潮.

1713 年,在雅各布·伯努利(1654—1705,瑞士) 死后 8 年,其著作《猜度术》得以出版,书中研究了重复投币试验,并引入了第一条大数定律,这条大数定律为联系理论概率与经验事实打下了基础.随后,莱布尼茨(1646—1716,德国)、丹尼尔·伯努利(1700—1782,瑞士)、贝叶斯(1702—1761,英国)、拉格朗日(1736—1813,法国)、勒让德(1752—1833,法国)、高斯(1777—1855,德国)等对概率论的发展和实际应用也做出了巨大贡献.其中,棣莫弗(1667—1754,法国)在其 1718 年的著作《机遇论》中引入了正态分布并证明了第一个中心极限定理;拉普拉斯(1749—1827,法国)于 1812 年在其著作《分析概率论》中,确立了概率论在定量研究领域中的重要地位.《猜度术》《机遇论》《分析概率论》被称为概率史上有里程碑性质的三大著作.

1837年，泊松(1781—1840，法国)在其论文《关于判断的概率之研究》中，提出描述随机现象的一种常见分布，也称为泊松分布．俄国数学家切比雪夫(1821—1894)、马尔可夫(1856—1922)和李雅普诺夫(1857—1918)等研究了概率的极限理论，提高了概率论在数学领域内的严格性标准．

1917年，伯恩斯坦(1880—1968，苏联)首先给出了概率的公理化体系，而后，柯尔莫哥洛夫(1903—1987，苏联)于1933年以更完善的形式提出了公理结构，从此，基本完成了现代意义上的概率论．

从1938年开始，莱维(1886—1971，法国)深入研究布朗运动，倡导研究随机过程的概率方法，建立独立增量过程的一般理论，其于1948年出版了随机过程理论的经典著作《随机过程与布朗运动》．现代概率论的另外两个代表人物是创立鞅论的杜布(1910—2004，美国)和创立布朗运动的随机积分理论的伊藤清(1915—2008，日本)．

中国数学家在现代概率论与数理统计的研究中也做出诸多重要贡献．例如：

许宝騄(1910—1970)最先发现线性假设的似然比检验(F检验)的优良性，给出了多元统计中若干重要分布的推导，推动了矩阵论在多元统计中的应用．1947年他与 H.Robbins 一起提出的完全收敛的概念是对大数定律的重要加强．

王梓坤(1929—)在国际上最先研究多指标 OU 过程，在国内最早研究随机泛函分析，他还创造了多种统计预报方法及供导航用的数学方法．

陈希孺(1934—2005)是中国线性回归大样本理论的开拓者，他在参数估计、非参数回归、密度估计与判别方面取得了一系列优秀成果，特别是获得 U 统计量分布的非一致收敛速度，具有国际领先水平．

严加安(1941—)主要从事随机分析和金融数学研究，在概率论、鞅论、随机分析和白噪声分析等领域取得多项重要成果．

陈木法(1946—)将概率方法引入第一特征值估计研究，拓宽了遍历理论；他还深入研究了谱理论、双边 Hardy 型不等式、马氏耦合、跳过程等．

彭实戈(1947—)在倒向随机微分方程理论、一般随机最大值原理、非线性数学期望理论等方面做出了杰出贡献．

马志明(1948—)主要从事概率论与随机分析方面的研究，在狄氏型与马氏过程理论、维纳空间容度、Feynman-Kac 半群、随机线性泛函、无处 Radon 光滑测度、薛定谔方程概率解等研究中获多项重要成果．

第 2 章

概率及其性质

"天有不测风云,人有旦夕祸福."

——中国,北宋,吕蒙正

It is remarkable that a science which began with the consideration of games of chance should have become the most important object of human knowledge.

——法国,Pierre Simon Marquis de Laplace

Natural selection is a mechanism for generating an exceedingly high degree of improbability.

——英国,Ronald Aylmer Fisher

  概率论最早源起于赌博.事实上,在生产实践与科学实验中,对一些事件的发生机会的大小加以量度经常是十分必要的.利用随机现象自身的规律进行预报、控制和决策是概率论产生的原因和持续发展的源动力.在许多学科中都需要借助概率论的知识解决其专业问题.比如,生物学中的遗传学第一定律,计量经济中的均值方差模型,股票与期货市场中的时间序列分析模型,工程可靠性理论中的元件或系统使用寿命等.本章先给出概率的严格的公理化定义;其次,研究概率的基本性质、条件概率、全概率公式和 Bayes 公式;最后介绍事件的独立性与 Bernoulli 试验模型.

2.1 随机事件

2.1.1 样本空间与随机事件

  自然界与社会生活中存在两类现象.

  第一类,在一定条件下,只有一种结果的现象,称为**确定性现象**,例如四季轮

2.1 随机事件

转、太阳升落、生老病死等.

第二类,在一定条件下,某种结果可能出现也可能不出现的现象,称为**随机现象**,例如明天是否会下雨、今年可能出现几次台风、剪刀石头布游戏、酒桌上盛行的划拳游戏、掷骰子猜测出现的点数、买彩票中大奖的可能性、某种药物是否有效、乘飞机还是坐动车出行哪个更安全等问题.

概率论研究的对象是随机现象. 为了探究这些现象的内在机制,人们往往需要对它们在同等条件下进行一定数量的重复观察——**随机试验**,以发现其中的规律. 因此,随机试验要求:

(1) 在同等条件下试验的可重复性;

(2) 事先所有试验结果的已知性;

(3) 试验前单个试验结果的不可预言性.

当然,也有很多随机现象是不能重复的,例如某日的天气情况、某场比赛的输赢等. 本书主要研究可大量重复的随机现象.

对一个特定的随机试验 E 而言,所有可能出现的试验基本结果的全体构成一个具体的集合 Ω,我们称之为**样本空间**,每一个基本结果称为**样本点**.

Ω 的每一个子集 A 称为**随机事件**. 若某次试验的结果 ω 在 A 中,即 $\omega \in A$,则称事件 A **发生**.

Ω 中每个元素(即样本点)构成的集合称为**基本事件**. 空集 $\varnothing$ 不含任何试验结果,因此不可能发生,称为**不可能事件**;全集 Ω 包含所有的试验结果,称为**必然事件**.

下面,我们通过一个简单的例子对上述概念加以阐释.

例 2-1 掷一颗骰子,观察出现的点数.

解 依题意,"掷骰子"只是一个动作,不是随机试验;为得知出现哪个点数而掷骰子,这是随机试验,因为其满足可重复性、已知性和不可预言性. 此时,

$$样本空间:\Omega = \{1,2,3,4,5,6\},$$

它包含 6 个基本事件:

$$A_i = \{出现点数 i\}, \quad i = 1, 2, \cdots, 6.$$

取样本空间 Ω 的一个子集 $A = \{1,2,3\}$,称为随机事件 A. 若在某次投掷中,出现点数"1"、点数"2"、点数"3"中的某一个结果,我们都称事件 A 发生. 而在任何一次投掷中,必然出现点数 1 到点数 6 中的某一个结果,因此样本空间 Ω 必然发生,称为必然事件;当然,"点数 7 出现"这一结果是不可能发生的,我们称之为不可能事件.

2.1.2　事件间关系与运算

之前我们将随机事件看成样本空间的子集,事件的发生意味着在某次试验中出现的结果是集合的元素.因此,我们用"事件发生"这一词语,借助集合间的关系来讨论事件间的关系,用集合间的运算律来研究事件间的运算.

设 A,B 为样本空间 Ω 的子集.

（1）**事件的包含**：若事件 A 发生必导致事件 B 发生,即 A 中元素均包含在 B 中,则称事件 A 包含于事件 B,记为 $A\subset B$.图 2-1 给出这种关系的几何表示.

（2）**事件的交**：若事件 A 与事件 B 同时发生,即随机试验的结果同时为 A 与 B 的元素,则称"积事件"$A\cap B$ 或者 AB 发生.若 $A\cap B=\varnothing$,则称事件 A 与 B **互不相容**或者**互斥**.图 2-2 给出这种关系的几何表示.

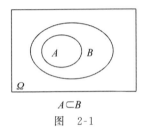
$A\subset B$
图　2-1

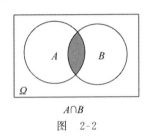
$A\cap B$
图　2-2

（3）**事件的并**：若事件 A 与事件 B 中至少有一个发生,即随机试验的结果为 A 或 B 的元素,则称"和事件"$A\cup B$ 发生或 $A+B$ 发生.图 2-3 给出这种关系的几何表示.

（4）**事件的差**：若事件 A 发生而事件 B 不发生,即随机试验的结果为 A 的元素但不是 B 的元素,则称"差事件"$A-B$ 发生.图 2-4 给出这种关系的几何表示.

（5）**事件的逆**：若事件 A 不发生,即随机试验的结果不是 A 的元素,则称"逆事件"$\overline{A}$ 发生.图 2-5 给出这种关系的几何表示.

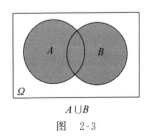
$A\cup B$
图　2-3

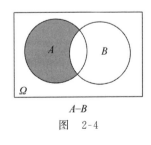
$A-B$
图　2-4

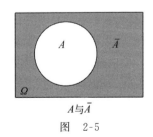
A 与 $\overline{A}$
图　2-5

例 2-2　掷两颗骰子,观察出现的点数.设 A 表示事件"两个骰子的点数和为 8",B 表示事件"两个骰子的点数均为偶数",求 $A \cap B, A \cup B, A-B, B-A$.

解 依题意,考虑第一颗及第二颗骰子出现的点数,样本空间
$$\Omega = \{(i,j), i,j = 1,2,\cdots,6\}.$$
此时,
$$A = \{(2,6),(3,5),(4,4),(5,3),(6,2)\}, \quad B = \{(2,2),(4,4),(6,6)\},$$
因此,
$$A \cap B = \{(4,4)\},$$
$$A \cup B = \{(2,2),(2,6),(3,5),(4,4),(5,3),(6,2),(6,6)\},$$
$$A - B = \{(2,6),(3,5),(5,3),(6,2)\},$$
$$B - A = \{(2,2),(6,6)\}.$$

(6) 事件运算满足下面的运算性质:
① 交换律　　$AB = BA$, $A + B = B + A$.
② 分配律　　$A(B+C) = AB + AC$, $A \cup (B \cap C) = (A \cup B) \cap (A \cup C)$.
③ 结合律　　$ABC = (AB)C = A(BC)$, $A + B + C = (A + B) + C = A + (B + C)$.
④ 摩根律　　$\overline{A \cup B} = \overline{A} \cap \overline{B}$, $\overline{A \cap B} = \overline{A} \cup \overline{B}$.

2.2　概率的定义及性质

2.2.1　概率的统计定义

生活中无处不在的随机性让人又爱又怕. 一方面,一次浪漫的邂逅会让多年未见的老同学心醉,一封突如其来的晋升邮件会让原本认为晋职无望的员工彻夜未眠,一记终场前的 3 分绝杀球会让获胜方的球迷们欣喜若狂,等等. 各种奇怪的巧合、惊人的相似,也常让人感到莫名欣喜. 但另一方面,人们也痛恨不确定性的阴暗面. 例如,一只飞鸟引发的空难,一根香烟引发的火灾,一句话引发的械斗等.

当然,随机性有时只是让人徒增困惑. 譬如,天气预报告诉我们"明天有 70% 的概率会下雨",那么明天到底下不下雨呢? 医生在手术前告诉患者家属"患者在手术中死亡的可能性为 1%",那么,如何看这种死亡的可能性呢? 或者说,这种概率的真实含义是什么呢? 对此大多数人并不是很清楚.

下面,我们通过对随机试验 E 的研究,理解事件发生的不确定性,并借此为后面的概率公理化定义奠定基础.

在相同条件下重复做 n 次随机试验,各次试验互不影响. 记 $n(A)$ 为这 n 次试验中事件 A 发生的次数,称 $n(A)$ 为事件 A 发生的**频数**. 称

$$f_n(A) = \frac{n(A)}{n}$$

为事件 A 发生的**频率**.

长期实践表明,随着试验重复次数 n 的增加,频率 $f_n(A)$ 会稳定在某一常数 p 附近,我们称这个常数为频率的**稳定值**,这个频率的稳定值就是我们所期望理解的概率,记为 $P(A)$. 概率的这种定义称为**概率的统计定义**.

例 2-3 抛一枚均匀的硬币,观察它出现正面还是反面.

记 A 表示事件"出现正面". 按抛掷次数多少排序,历史上,德摩根(1806—1871,英国)曾抛掷一枚硬币 2048 次,其中正面出现 1061 次,此时

$$f_n(A) = 0.5181;$$

蒲丰(1707—1788,法国)曾抛掷同一枚硬币 4040 次,发现正面出现 2048 次,此时

$$f_n(A) = 0.5069;$$

费勒(1906—1970,美国)曾抛掷一枚硬币 10 000 次,其中正面出现 4979 次,此时

$$f_n(A) = 0.4979;$$

皮尔逊(1857—1936,英国)曾抛掷同一枚硬币 12 000 次,发现正面出现 6019 次,此时

$$f_n(A) = 0.5016,$$

又抛掷 24 000 次,发现正面出现 12 012 次,此时

$$f_n(A) = 0.5005.$$

显然,随着抛掷次数的增加,硬币出现正面的频率稳定在 0.5 附近,对均匀硬币来说,我们有理由相信

$$P(A) = 0.5.$$

概率的统计定义只是提供了一种估计概率的方法,它无法确切定义事件发生的概率,也无法指导人们对下一次试验会具体出现哪个结果进行肯定的推断. 例如,医生在手术前告诉患者家属"患者在手术中死亡的可能性为 1‰",这里的 "1‰"指的是按照以往经验,医生做过的大量类似手术中,大概每 100 例有 1 例术中死亡病例,大概每 1000 例中有 10 例死亡病例等. 但对具体一位病人做手术而言,其在手术过程中是否死亡,手术后才能确定:要么死亡要么活着. "手术有风险",在术前,谁也无法百分百地保证在手术过程中不发生死亡事件. 医生说的死亡可能性再低,也无法完全消除患者家属的忧虑.

另外,这里我们也没有给出"频率稳定"的确切含义,在第 5 章中,利用概率论

中著名的"大数定律",我们将对此进行阐释.

从频率的定义中,我们可以看出,频率具有下述三个性质:
(1) **非负性**: $f_n(A) \geqslant 0$.
(2) **规范性**: $f_n(\Omega) = 1$.
(3) **可加性**: 若 $A \cap B = \varnothing$,则 $f_n(A \cup B) = f_n(A) + f_n(B)$.

2.2.2 概率的公理化定义

归功于柯尔莫哥洛夫的概率公理化定义是概率论的基石. 下面,我们直接给出概率的公理化定义.

定义 2-1 设 Ω 为随机试验 E 的样本空间,对 E 中每一个事件 A,赋予它一个实数,记为 $P(A)$,如果集合函数 $P(\cdot)$ 满足下列条件:
(1) **非负性**: $P(A) \geqslant 0$.
(2) **规范性**: $P(\Omega) = 1$.
(3) **可列可加性**: $P\left(\bigcup\limits_{i=1}^{\infty} A_i\right) = \sum\limits_{i=1}^{\infty} P(A_i), A_i \cap A_j = \varnothing, i \neq j$.

则称 $P(A)$ 为事件 A 的**概率**.

2.2.3 概率的性质

概率的基本性质有三条:非负性、规范性和可列可加性. 由此我们不加证明地给出概率的部分性质.

性质 2-1 (不可能事件发生的概率)
$$P(\varnothing) = 0.$$

性质 2-2 (有限可加性) 当 $A_i \cap A_j = \varnothing, i \neq j, i, j = 1, 2, \cdots, n$ 时,
$$P\left(\bigcup_{i=1}^{n} A_i\right) = \sum_{i=1}^{n} P(A_i). \tag{2-1}$$

性质 2-3 若 $A \subset B$,则
$$P(B - A) = P(B) - P(A), P(A) \leqslant P(B).$$

性质 2-4 (逆事件发生的概率)
$$P(\overline{A}) = 1 - P(A). \tag{2-2}$$

性质 2-5 (加法公式)
$$P(A \cup B) = P(A) + P(B) - P(AB). \tag{2-3}$$

概率的加法公式也可以推广到 n 个事件求和事件发生的概率. 下面,我们只列出对于 3 个事件的和事件及 4 个事件的和事件求概率的计算公式.

推广的加法公式：

$$P\left(\sum_{i=1}^{3} A_i\right) = P(A_1) + P(A_2) + P(A_3) - P(A_1A_2) - P(A_1A_3) - P(A_2A_3) + P(A_1A_2A_3),$$

$$P\left(\sum_{i=1}^{4} A_i\right) = \sum_{i=1}^{4} P(A_i) - \sum_{1 \leq i < j \leq 4} P(A_iA_j) + \sum_{1 \leq i < j < k \leq 4} P(A_iA_jA_k) - P(A_1A_2A_3A_4).$$

2.3 古典概率模型和几何概率模型

2.3.1 古典概率模型

若随机试验 E 的样本空间 Ω 只包含有限个元素，即 $\Omega = \{\omega_1, \omega_2, \cdots, \omega_n\}$，并且每个基本结果 $\{\omega_i\}$ 出现的机会均等，则由概率的规范性及有限可加性可得

$$1 = P(\Omega) = P\left(\bigcup_{i=1}^{n} \{\omega_i\}\right) = \sum_{i=1}^{n} P\{\omega_i\} = nP(\{\omega_1\}),$$

从而

$$P(\{\omega_1\}) = P(\{\omega_2\}) = \cdots = P(\{\omega_n\}) = \frac{1}{n}.$$

因此，对此随机试验中的任一事件 A，

$$P(A) = \frac{A \text{ 中所含样本点数}}{\Omega \text{ 中的样本点数}}. \tag{2-4}$$

这类模型称为**古典概率模型**（简称**古典概型**）．

计算古典概型的关键是先确定事件发生的样本空间，然后求出样本空间中包含的样本点数及事件 A 中包含的样本点数．常见的古典概型有抛硬币、掷骰子、抽签等．

例 2-4 掷两颗骰子，观察出现的点数．设 A 表示事件"两个骰子点数和为 7"，B 表示事件"两个骰子的点数和为 8"，C 表示事件"两个骰子的点数和为 9"，求 $P(A), P(B), P(C)$ 及 $P(A+B+C)$．

解 显然此为古典概率模型．由例 2-2 知，样本空间

$$\Omega = \{(i, j), i, j = 1, 2, \cdots, 6\}$$

共包含 36 个样本点．又，事件 $A = \{(1,6), (2,5), (3,4), (4,3), (5,2), (6,1)\}$ 包含 6 个样本点，事件 $B = \{(2,6), (3,5), (4,4), (5,3), (6,2)\}$ 包含 5 个样本点，事件 $C = \{(3,6), (4,5), (5,4), (6,3)\}$ 包含 4 个样本点，由式(2-4)可得

$$P(A) = \frac{6}{36} = \frac{1}{6}, \quad P(B) = \frac{5}{36}, \quad P(C) = \frac{4}{36} = \frac{1}{9}.$$

2.3 古典概率模型和几何概率模型

显然这三个事件互不相容,由式(2-1)可得

$$P(A+B+C)=P(A)+P(B)+P(C)=\frac{6+5+4}{36}=\frac{15}{36}=\frac{5}{12}.$$

例 2-5 口袋中有 10 个球,分别标有号码 1~10,现从中不放回地任取 4 个,记下取出球的号码,求最小号码为 6 的概率.

解 显然此为古典概率模型. 依题意,10 个球中不放回任取 4 个,此为组合数,共有 $C_{10}^4=\frac{10!}{4!\times 6!}=210$ 种不同取法. 若取出的 4 个球最小号码为 6,说明号码为 6 的球必须取到,而剩余 3 个球的号码都比 6 大,因此剩余 3 个球的号码只能在 7、8、9、10 这 4 个号码中来选取,共有 $C_4^3=\frac{4!}{3!\times 1!}=4$ 种不同取法,因此,最小号码为 6 的概率为

$$\frac{C_4^3}{C_{10}^4}=\frac{4}{210}=\frac{2}{105}.$$

例 2-6 在 5 个红球、4 个白球中任取 4 个,求:(1)取到的 4 个球均为红球的概率;(2)取到的 4 个球为 2 红 2 白的概率;(3)取到的 4 个球中至少有 1 红 1 白的概率.

解 显然此为古典概率模型,样本空间 Ω 含有 $C_9^4=126$ 个元素.

(1) 设 A 表示事件"取到的 4 个球均为红球",由于红球只能在红球中选取,故有 $C_5^4=5$ 种选法,因此

$$P(A)=\frac{C_5^4}{C_9^4}=\frac{5}{126};$$

(2) 若取到的 4 个球为 2 红 2 白,由于红球只能在红球中选取,而白球只能在白球中选取,共有 $C_5^2\times C_4^2=10\times 6=60$ 种不同选法,因此,取到的 4 个球为 2 红 2 白的概率为

$$\frac{C_5^2\times C_4^2}{C_9^4}=\frac{60}{126}=\frac{10}{21};$$

(3) 设 B 表示事件"取到的 4 个球均为白球",C 表示事件"取到的 4 个球中至少有 1 红 1 白". 由于白球只能在白球中选取,故有 $C_4^4=1$ 种选法,因此

$$P(B)=\frac{C_4^4}{C_9^4}=\frac{1}{126}.$$

由式(2-2)可得

$$P(C)=1-P(\overline{C})=1-P(A)-P(B)=1-\frac{5}{126}-\frac{1}{126}=\frac{20}{21}.$$

例 2-7（彩票问题） 中国体育彩票大乐透,每注彩票7个号码,由前区5个号码加后区2个号码构成. 其中,前区5个号码从 $01,02,\cdots,34,35$ 中任选5个(不能重复),后区2个号码从 $01,02,\cdots,11,12$ 中任选2个(不能重复),中奖规则如下:

奖项	单注奖金
一等奖 5+2	浮动
二等奖 5+1	浮动
三等奖 5+0	10 000 元
四等奖 4+2	3000 元
五等奖 4+1	300 元
六等奖 3+2	200 元
七等奖 4+0	100 元
八等奖 3+1,2+2	15 元
九等奖 3+0,2+1,1+2,0+2	5 元

试求各等奖的中奖概率及购彩票不中奖的概率.

解 显然此问题为古典概率模型. 因为一注彩票是由前区5个号码加后区2个号码构成的,而前区号码在35个数中选取,后区号码在12个数中选取,因此样本空间 Ω 含有

$$C_{35}^5 \times C_{12}^2 = 21\,425\,712$$

个样本点. 记 A_i 表示事件"获得第 i 等奖", B 表示事件"不中奖",则

$$P(A_1) = \frac{1}{C_{35}^5 \times C_{12}^2} = \frac{1}{21\,425\,712} \approx 4.66 \times 10^{-8},$$

$$P(A_2) = \frac{C_5^5 \times C_2^1 \times C_{10}^1}{C_{35}^5 \times C_{12}^2} = \frac{20}{21\,425\,712} \approx 0.933 \times 10^{-6},$$

$$P(A_3) = \frac{C_5^5 \times C_2^0 \times C_{10}^2}{C_{35}^5 \times C_{12}^2} = \frac{45}{21\,425\,712} \approx 2.1 \times 10^{-6},$$

$$P(A_4) = \frac{C_5^4 \times C_{30}^1 \times C_2^2}{C_{35}^5 \times C_{12}^2} = \frac{150}{21\,425\,712} \approx 7.0 \times 10^{-6},$$

$$P(A_5) = \frac{C_5^4 \times C_{30}^1 \times C_2^1 \times C_{10}^1}{C_{35}^5 \times C_{12}^2} = \frac{3000}{21\,425\,712} \approx 1.4 \times 10^{-4},$$

$$P(A_6) = \frac{C_5^3 \times C_{30}^2 \times C_2^2}{C_{35}^5 \times C_{12}^2} = \frac{4350}{21\,425\,712} \approx 2.03 \times 10^{-4},$$

$$P(A_7) = \frac{C_5^4 \times C_{30}^1 \times C_{10}^2}{C_{35}^5 \times C_{12}^2} = \frac{6750}{21\,425\,712} \approx 3.15 \times 10^{-4},$$

2.3 古典概率模型和几何概率模型

$$P(A_8) = \frac{C_5^3 \times C_{30}^2 \times C_2^1 \times C_{10}^1 + C_5^2 \times C_{30}^3}{C_{35}^5 \times C_{12}^2} = \frac{127\,600}{21\,425\,712} \approx 5.955 \times 10^{-3},$$

$$P(A_9) = \frac{C_5^3 \times C_{30}^2 \times C_{10}^2 + C_5^2 \times C_{30}^3 \times C_2^1 \times C_{10}^1 + C_5^1 \times C_{30}^4 + C_{30}^5}{C_{35}^5 \times C_{12}^2}$$

$$= \frac{1\,287\,281}{21\,425\,712} \approx 6.008 \times 10^{-2}.$$

这说明:1000 个人中约有 67 人中奖,而中头奖的概率只有 4.66×10^{-8},即 1 亿个人中大约有 5 个人能中头奖.

例 2-8(中秋博饼) 中秋佳节之际,国人常举行"博饼"活动:依据一定规则,同时摇 6 颗骰子,按摇到的骰子点数领取不同奖品. 求:

(1) 事件 A"6 个骰子点数各不相同"(即所谓的顺子)发生的概率;

(2) 事件 B"6 个骰子中出现两个四点"发生的概率.

解 此为古典概率模型. 投掷时,从第一颗骰子开始,每颗投掷一次,按顺序投掷到第 6 颗,每颗骰子等可能出现 6 个点数中的某一个,依乘法原理,样本空间 Ω 包含的样本点总数为 6^6.

(1) "6 个骰子点数各不相同",此时,第一颗骰子可以出现 6 个点数中的某一个,共有 6 种选择,因点数均不同,第二颗骰子剩下 5 个点数可供选择,依次类推. 依乘法原理,此时满足题意的样本点共有 $6 \times 5 \times 4 \times 3 \times 2 \times 1 = 6!$ 个,因此

$$P(A) = \frac{6!}{6^6} = \frac{5}{324} \approx 0.0154.$$

(2) "6 个骰子中出现两个四点",此时,这两个四点可出现在 6 次投掷中的某两次投掷中,此时有 $C_6^2 = 15$ 种情形,而其他 4 次投掷出现的点数只能在 1,2,3,5,6 中选择,此时有 5^4 种情形. 因此,由乘法原理得

$$P(B) = \frac{C_6^2 \times 5^4}{6^6} = \frac{9375}{46\,656} \approx 0.2009.$$

例 2-9 设 $n(n \geq 4)$ 个朋友随机地围绕圆桌而坐,求甲、乙两人坐在一起(座位相邻)的概率.

解 此为古典概率模型. 设甲已先坐好,下面考虑乙怎么坐. 显然,乙总共有 $n-1$ 个位置可坐,样本空间 Ω 包含的样本点总数为 $n-1$,而满足条件的情形,即乙坐在甲旁边,有两个位置可供选择,因此,所求概率为 $\dfrac{2}{n-1}$.

*例 2-10 从一副 52 张扑克牌中有放回地任取 n 张 $(n \geq 4)$,求这 n 张牌包含全部 4 种花色的概率.

解 此为古典概率模型. 牌只有 4 种花色, 每次取 1 张牌均有 4 种花色可供选择, 有放回地任取 n 次, 样本空间 Ω 包含的样本点总数为 4^n. 记 A_1 表示事件"n 张牌中没有取到黑桃", A_2 表示事件"n 张牌中没有取到红心", A_3 表示事件"n 张牌中没有取到梅花", A_4 表示事件"n 张牌中没有取到方块", 则 $A_1 \cup A_2 \cup A_3 \cup A_4$ 表示事件"至少有一种花色没有被取到", 依题意, 所求概率为

$$P(\overline{A_1 \cup A_2 \cup A_3 \cup A_4}) = 1 - P(A_1 \cup A_2 \cup A_3 \cup A_4).$$

又 A_1 表示事件"n 张牌中没有取到黑桃", 即"n 次取牌只在另外 3 种颜色的牌中取", 此时, 事件 A_1 中包含的样本数为 3^n. 因此,

$$P(A_1) = \frac{3^n}{4^n},$$

同理, $P(A_2) = P(A_3) = P(A_4) = \dfrac{3^n}{4^n}$. 类似可得

$$P(A_1 A_2) = P(A_1 A_3) = P(A_1 A_4) = P(A_2 A_3) = P(A_2 A_4) = P(A_3 A_4) = \frac{2^n}{4^n},$$

$$P(A_1 A_2 A_3) = P(A_1 A_2 A_4) = P(A_2 A_3 A_4) = \frac{1}{4^n},$$

$$P(A_1 A_2 A_3 A_4) = 0.$$

由推广的加法公式得

$$P(A_1 \cup A_2 \cup A_3 \cup A_4)$$
$$= \sum_{i=1}^{4} P(A_i) - \sum_{1 \leq i < j \leq 4} P(A_i A_j) + \sum_{1 \leq i < j < k \leq 4} P(A_i A_j A_k) - P(A_1 A_2 A_3 A_4)$$
$$= C_4^1 \times \frac{3^n}{4^n} - C_4^2 \times \frac{2^n}{4^n} + C_4^3 \times \frac{1}{4^n} - 0$$
$$= \frac{4 \cdot 3^n - 6 \cdot 2^n + 4}{4^n}.$$

因此, 所求概率为

$$P(\overline{A_1 \cup A_2 \cup A_3 \cup A_4}) = 1 - P(A_1 \cup A_2 \cup A_3 \cup A_4) = 1 - \frac{4 \cdot 3^n - 6 \cdot 2^n + 4}{4^n}.$$

2.3.2 几何概率模型

古典概率模型中要求样本空间 Ω 只包含有限个元素. 如果样本空间中样本点个数无限, 则无法直接利用古典概型方法计算事件发生的概率. 例如, 士兵打靶点、导弹命中点、两人见面时间点等问题. 此类问题与古典概型有一共同点——事件发生的等可能性, 但是, 其样本空间中样本点个数无限. 针对此类问题, 我们给

出如下确定概率的方法.

若随机试验 E 的样本空间 Ω 充满某个区域,其量度(长度、面积、体积等,英文 measure,简记为 m)大小可用 m_Ω 表示,并且样本点落在量度相同的子区域内是等可能的(例如,点落在区间$(1,3)$ 或 $(8,10)$ 内是等可能的,因两区间长度均为 2).设事件 A 为 Ω 中的某个子区域,且其量度大小可用 m_A 表示,则事件 A 发生的概率为

$$P(A) = \frac{m_A}{m_\Omega}. \tag{2-5}$$

此概率模型称为**几何概率模型**(简称**几何概型**).

计算几何概型的关键是对样本空间 Ω 及事件 A 先有好的理解(尽可能借助图形),然后计算相应量度(长度、面积或体积等).

例 2-11 通往厦门岛内的 BRT(快速公交)每 8min 一趟,一名乘客到达站台的时间 T 可能为两趟地铁的间隔区间 $[0,8]$ 上的任一时刻,求事件 A "乘客等车时间不超过 3min" 的概率.

解 显然,此为几何概型. 由于随机性,乘客到达站台的时间 T 可能为区间 $[0,8]$ 上的任意一点,即样本空间 Ω 为区间 $[0,8]$,其长度 $m_\Omega = 8$. 显然,事件 A 发生等价于乘客到达站台时刻在区间 $[5,8]$ 上,即 $5 \leqslant T \leqslant 8$,其长度 $m_A = 3$,由式(2-5)得

$$P(A) = \frac{m_A}{m_\Omega} = \frac{3}{8}.$$

例 2-12 甲乙两人约定在上午 8—9 时于校图书馆见面,若先到者等待超过 10min 则见面取消,求两人最终能见面的概率.

解 此为几何概型问题.如图 2-6 所示,以 x 和 y 分别表示甲、乙两人到达图

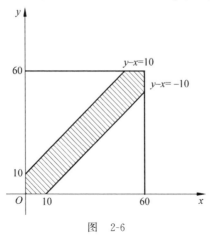

图 2-6

书馆的时刻. 由于每个人的到达时刻是 8—9 时的任一时刻,故样本空间 Ω 为平面点 (x,y) 构成的边长为 60(单位:min) 的正方形. 而事件"两人最终能见面"当且仅当 $|x-y|\leqslant 10$,即点 (x,y) 落入图 2-6 中的阴影部分. 由式(2-5)得

$$P(A)=\frac{m_A}{m_\Omega}=\frac{60\times60-50\times50}{60\times60}=\frac{11}{36}.$$

例 2-13 从 $(0,1)$ 中任取两个数,求这两个数的和小于 1.5 的概率.

解 从 $(0,1)$ 中取出的两个数分别记为 x,y,(x,y) 与图 2-7 中正方形区域内的点一一对应. 依题意,所取的两个数应该落在直线 $x+y=1.5$ 的下方,即图 2-7 中的阴影区域内. 由几何概型,所求概率为

$$P(x+y<1.5)=\left(1-\frac{1}{2}\times0.5\times0.5\right)\bigg/1=\frac{7}{8}.$$

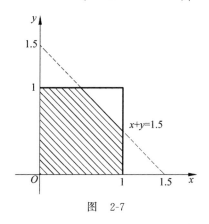

图 2-7

2.4 条件概率与事件的独立性

条件概率是概率论中的一个重要且实用的概念. 给定同一样本空间 Ω 中的两个随机事件 A 和 B,我们关心其中一个事件的发生会不会对另一个事件的发生带来影响. 例如,同一人先后两次抛掷同一枚硬币,事件"第一次出现正面"与事件"第二次出现正面"应该是相互不影响的;而同一人从一副扑克牌中一张一张不放回地摸牌,事件"第一次摸到黑桃 3"与事件"第二次摸到黑桃"之间应该是有相互影响的. 下面我们考察在一个事件发生前提下,对另一事件发生产生的影响.

2.4 条件概率与事件的独立性

2.4.1 条件概率的定义

定义 2-2 设 A 和 B 是样本空间 Ω 中的两个事件，且 $P(B)>0$，称

$$P(A\mid B)=\frac{P(AB)}{P(B)} \tag{2-6}$$

为"在事件 B 发生下事件 A 发生的条件概率"，简称为**条件概率**. 而 $P(A)$ 有时又称为无条件概率.

例 2-14 掷两颗骰子，观察出现的点数. 设 A 表示事件"两个骰子点数和为 8"，B 表示事件"至少有一个骰子的点数为 2"，C 表示事件"两个骰子的点数均超过 3"，求 $P(B\mid A)$，$P(A\mid C)$.

解 由例 2-2 知，样本空间

$$\Omega=\{(i,j),i,j=1,2,\cdots,6\}$$

共包含 36 个样本点. 又，事件 $A=\{(2,6),(3,5),(4,4),(5,3),(6,2)\}$ 包含 5 个样本点，事件 $B=\{(2,1),(2,2),(2,3),(2,4),(2,5),(2,6),(6,2),(5,2),(4,2),(3,2),(1,2)\}$ 包含 11 个样本点，事件 $C=\{(4,4),(4,5),(4,6),(5,5),(5,6),(6,6),(6,5),(6,4),(5,4)\}$ 包含 9 个样本点，事件 $AB=\{(2,6),(6,2)\}$ 包含 2 个样本点，事件 $AC=\{(4,4)\}$ 包含 1 个样本点. 显然，

$$P(A)=\frac{5}{36},\quad P(C)=\frac{9}{36},\quad P(AB)=\frac{2}{36},\quad P(AC)=\frac{1}{36}.$$

由式 (2-6) 得

$$P(B\mid A)=\frac{P(AB)}{P(A)}=\frac{2/36}{5/36}=\frac{2}{5},$$

$$P(A\mid C)=\frac{P(AC)}{P(C)}=\frac{1/36}{9/36}=\frac{1}{9}.$$

从本质上讲，条件概率可视为新样本空间 Ω_B 上的无条件概率. 因此，它满足 2.2.2 节中给出的概率公理化定义中的三个性质：

(1) **非负性**：$P(A\mid B)\geqslant 0$.

(2) **规范性**：$P(\Omega\mid B)=1$.

(3) **可列可加性**：$P\left(\bigcup\limits_{i=1}^{\infty}A_i\mid B\right)=\sum\limits_{i=1}^{\infty}P(A_i\mid B)$，$A_i\cap A_j=\varnothing$，$i\neq j$.

条件概率有三个非常重要且实用的公式：乘法公式、全概率公式和贝叶斯公式，利用它们可以求得很多复杂事件的概率.

2.4.2 乘法公式

设 A 和 B 是样本空间 Ω 中的两个事件，且 $P(B)>0$，则由式 (2-6) 可得

$$P(AB) = P(B) \times P(A \mid B), \qquad (2\text{-}7)$$

式(2-7)称为概率中的**乘法公式**.

类似地,若 $P(A) > 0$,可得

$$P(AB) = P(A) \times P(B \mid A).$$

例 2-15 从一副扑克牌(共 54 张)中一张一张不放回地摸牌,求事件"第二次才摸到黑桃"的概率.

解 记 A_i 表示事件"第 i 次摸到黑桃"$(i=1,2)$,则所求概率为 $P(\overline{A_1}A_2)$. 由式(2-7)得

$$P(\overline{A_1}A_2) = P(\overline{A_1}) \times P(A_2 \mid \overline{A_1}).$$

一副牌共 54 张,其中黑桃有 13 张、非黑桃 41 张,而牌是一张一张不放回摸出的,$\overline{A_1}$ 意味着第一次没有摸到黑桃,即第一次摸到 41 张非黑桃牌中的某一张,故 $P(\overline{A_1}) = \dfrac{41}{54}$;由于第一次从 41 张非黑桃中摸走一张,第二次摸牌是从剩下的 53 张(含 13 张黑桃、40 张非黑桃)中抽取,故 $P(A_2 \mid \overline{A_1}) = \dfrac{13}{53}$. 综上所述,有

$$P(\overline{A_1}A_2) = P(\overline{A_1}) \times P(A_2 \mid \overline{A_1}) = \frac{41}{54} \times \frac{13}{53} = \frac{533}{2862}.$$

例 2-16(**罐子模型**) 设罐子中装有 5 个黑球和 3 个红球,每次随机从罐子中取出一个球,观察颜色后,把原球放回,然后加入与所取出的球同颜色的球 2 个和异色球 1 个. 若 A_i 表示事件"第 i 次摸到黑球",求 $P(A_1A_2), P(\overline{A_1}\,\overline{A_2})$.

解 此例为罐子模型的一个特殊情形. 由式(2-7)得

$$P(A_1A_2) = P(A_1) \times P(A_2 \mid A_1),$$
$$P(\overline{A_1}\,\overline{A_2}) = P(\overline{A_1}) \times P(\overline{A_2} \mid \overline{A_1}),$$

而 $P(A_1) = \dfrac{5}{8}, P(\overline{A_1}) = 1 - P(A) = \dfrac{3}{8}$.

事件 $A_2 \mid A_1$ 意味着第一次取出黑球,然后放回,再加入 2 个黑球 1 个红球,第二次再从中取出一个黑球,此时罐子中有 7 个黑球和 4 个红球,因此 $P(A_2 \mid A_1) = \dfrac{7}{11}$.

事件 $\overline{A_2} \mid \overline{A_1}$ 意味着第一次取出红球,然后放回,再加入 2 个红球 1 个黑球,第二次再从中取出一个红球,此时罐子中有 6 个黑球和 5 个红球,因此 $P(\overline{A_2} \mid \overline{A_1}) = \dfrac{5}{11}$.

因此,有

$$P(A_1A_2)=P(A_1)\times P(A_2|A_1)=\frac{5}{8}\times\frac{7}{11}=\frac{35}{88},$$

$$P(\overline{A_1}\,\overline{A_2})=P(\overline{A_1})\times P(\overline{A_2}|\overline{A_1})=\frac{3}{8}\times\frac{5}{11}=\frac{15}{88}.$$

一般地,若 $P(A_1A_2\cdots A_n)>0$,则我们可以得到推广的乘法公式:
$$P(A_1A_2\cdots A_n)=P(A_1)P(A_2|A_1)P(A_3|A_1A_2)\cdots P(A_n|A_1A_2\cdots A_{n-1}). \tag{2-8}$$

2.4.3 全概率公式

全概率公式是概率论中一个基本且具有重要应用价值的公式,合理地使用全概率公式,可以将一个复杂事件的概率计算拆分为若干相对简单的概率计算。

定义 2-3 设 $B_1,B_2,\cdots,B_n$ 为样本空间 Ω 中的 n 个随机事件,且满足:
(1) $P(B_i)>0$, $i=1,2,\cdots,n$;
(2) $B_i\cap B_j=\varnothing$, $i\neq j$, $i,j=1,2,\cdots,n$;
(3) $\bigcup_{i=1}^{n}B_i=\Omega$.

则称事件组 $B_1,B_2,\cdots,B_n$ 为样本空间 Ω 的一个**划分**,也称 $B_1,B_2,\cdots,B_n$ 为样本空间 Ω 的一个**完备事件组**.

显然,同一个样本空间 Ω 的划分是不唯一的. 例如,例 2-1 中掷一颗骰子,观察出现的点数. 此时样本空间 $\Omega=\{1,2,3,4,5,6\}$. 我们可以选择
$$B_1=\{1,3,5\},\quad B_2=\{2,4,6\},$$
这里的 B_1,B_2 构成 Ω 的一个划分;也可以选择
$$C_1=\{1,2\},\quad C_2=\{3,4\},\quad C_3=\{5,6\},$$
这里的 C_1,C_2,C_3 也构成 Ω 的一个划分.

设 $B_1,B_2,\cdots,B_n$ 为样本空间 Ω 的一个划分,A 为 Ω 中任一事件,则有
$$P(A)=\sum_{i=1}^{n}P(B_i)P(A|B_i). \tag{2-9}$$

式(2-9)称为**全概率公式**.

使用全概率公式的关键在于:寻找合适的划分,使得式(2-9)右边的事件组 $B_1,B_2,\cdots,B_n$ 及对应的条件事件发生的概率容易求出.

例 2-17(抽签问题) n 张纸牌中有 $m(\leqslant n)$ 张标有"○",无放回地抽取两次,每次抽取一张,求第二次取得的纸牌标有"○"的概率.

解 显然,第一次取出的纸牌是否标有"○"对第二次抽取的结果会产生影响. 用 B_1 表示事件"第一次取得的纸牌标有'○'",A 表示事件"第二次取得的纸

牌标有'○'". 显然，B_1, $\overline{B_1}$ 构成一个完备事件组. 易得

$$P(B_1) = \frac{m}{n}, \quad P(\overline{B_1}) = 1 - \frac{m}{n} = \frac{n-m}{n}.$$

$A|B_1$ 表示事件"在第一次取得的纸牌标有'○'且不放回后第二次取得'○'"，有

$$P(A|B_1) = \frac{m-1}{n-1};$$

$A|\overline{B_1}$ 表示事件"在第一次未取得'○'且不放回后第二次取得'○'"，有

$$P(A|\overline{B_1}) = \frac{m}{n-1}.$$

由全概率公式得

$$P(A) = P(B_1)P(A|B_1) + P(\overline{B_1})P(A|\overline{B_1}) = \frac{m}{n} \cdot \frac{m-1}{n-1} + \frac{n-m}{n} \cdot \frac{m}{n-1} = \frac{m}{n}.$$

另外，在有放回抽取情形下，容易计算出 $P(A) = \frac{m}{n}$. 此结论表明，不论有放回抽取还是无放回抽取，第二次与第一次取得"○"的概率完全相等.

同理，利用全概率公式可以证明，在无放回抽取情形下，第三次、第四次直至第 n 次抽取时取得"○"的概率都是相等的. 这个例子说明，抽签的中奖概率不随抽签先后顺序而发生改变.

例 2-18 甲口袋中装有 2 个白球、3 个黑球，乙口袋中装有 3 个白球、2 个黑球. 从甲口袋中任取 2 个球放入乙口袋，再从乙口袋中取出一个球，求从乙口袋中取出的球是白球的概率.

解 从甲口袋中取出的 2 个球共有 3 种可能：2 白、2 黑或 1 白 1 黑. 设 B_1 表示事件"从甲口袋中取出 2 个白球"，B_2 表示事件"从甲口袋中取出 2 个黑球"，B_3 表示事件"从甲口袋中取出 1 白球 1 黑球"，A 表示事件"从乙口袋中取出一个白球". 显然，B_1, B_2, B_3 组成一个完备事件组. 易得

$$P(B_1) = \frac{C_2^2}{C_5^2} = \frac{1}{10}, \quad P(B_2) = \frac{C_3^2}{C_5^2} = \frac{3}{10}, \quad P(B_3) = \frac{C_2^1 \times C_3^1}{C_5^2} = \frac{6}{10}.$$

$A|B_1$ 表示事件"从甲口袋中取出 2 个白球放入乙口袋，再从乙口袋取出一个白球"，此时乙口袋中有 5 个白球 2 个黑球，因此 $P(A|B_1) = \frac{5}{7}$；

$A|B_2$ 表示事件"从甲口袋中取出 2 个黑球放入乙口袋，再从乙口袋取出一个白球"，此时乙口袋中有 3 个白球 4 个黑球，因此 $P(A|B_2) = \frac{3}{7}$；

$A|B_3$ 表示事件"从甲口袋中取出 1 个白球 1 个黑球放入乙口袋,再从乙口袋取出一个白球",此时乙口袋中有 4 个白球 3 个黑球,因此 $P(A|B_3)=\dfrac{4}{7}$.

由全概率公式得

$$P(A)=\sum_{i=1}^{3}P(B_i)P(A|B_i)=\frac{1}{10}\times\frac{5}{7}+\frac{3}{10}\times\frac{3}{7}+\frac{6}{10}\times\frac{4}{7}=\frac{19}{35}.$$

例 2-19 有朋自远方来,他乘坐飞机、动车、巴士、轮船的概率分别为 0.2,0.5,0.2,0.1,对应迟到的概率分别为 0.3,0.1,0.2,0.2,求他迟到的概率.

解 设 B_1 表示事件"他乘坐飞机",B_2 表示事件"他乘坐动车",B_3 表示事件"他乘坐巴士",B_4 表示事件"他乘坐轮船",A 表示事件"他迟到". 显然 B_1,B_2,B_3,B_4 组成一个完备事件组,且有

$$P(B_1)=0.2, \quad P(B_2)=0.5, \quad P(B_3)=0.2, \quad P(B_4)=0.1.$$

$A|B_1$ 表示事件"他乘坐飞机后迟到",有 $P(A|B_1)=0.3$;
$A|B_2$ 表示事件"他乘坐动车后迟到",有 $P(A|B_2)=0.1$;
$A|B_3$ 表示事件"他乘坐巴士后迟到",有 $P(A|B_3)=0.2$;
$A|B_4$ 表示事件"他乘坐轮船后迟到",有 $P(A|B_4)=0.2$.

由全概率公式得

$$P(A)=\sum_{i=1}^{4}P(B_i)P(A|B_i)$$
$$=0.2\times0.3+0.5\times0.1+0.2\times0.2+0.1\times0.2=0.17.$$

例 2-20 (赌徒破产模型[9]) 赌徒甲拥有本金 a 元,想再赢 b 元后停止赌博离开赌场(其中 a,b 均为非负整数). 设赌局每局均分出输赢,甲每局赢的概率是 $\dfrac{1}{2}$,每局输赢都是 1 元钱,甲输光本金后停止赌博,求甲最终输光的概率.

解 用 A 表示事件"甲第一局赢",B_k 表示事件"甲有本金 k 元时最终输光". 依题意,$P(B_0)=1,P(B_{a+b})=0$. 由全概率公式得

$$P(B_k)=P(A)P(B_k|A)+P(\overline{A})P(B_k|\overline{A})$$
$$=\frac{1}{2}P(B_{k+1})+\frac{1}{2}P(B_{k-1}).$$

其中,$B_k|A$ 表示事件"在甲赢第一局前提下,甲有本金 k 元时最终输光",因为赢了第一局,本金增加 1 元,故相当于事件"甲有本金 $k+1$ 元时最终输光";而 $B_k|\overline{A}$ 表示事件"在甲输第一局前提下,甲有本金 k 元时最终输光",因为输了第一局,本金减少 1 元,故相当于事件"甲有本金 $k-1$ 元时最终输光".

经整理后,可以得到
$$P(B_{k+1}) - P(B_k) = P(B_k) - P(B_{k-1}).$$
依次下推得
$$P(B_{k+1}) - P(B_k) = P(B_1) - P(B_0).$$
上式两边对 $k = 0, 1, \cdots, n-1$ 累加求和后,得
$$P(B_n) - P(B_0) = n[P(B_1) - P(B_0)]. \tag{2-10}$$
在式(2-10)中取 $n = a + b$ 并将 $P(B_0) = 1, P(B_{a+b}) = 0$ 代入得
$$0 - 1 = (a + b)[P(B_1) - 1],$$
由此
$$P(B_1) - 1 = -\frac{1}{a+b}.$$
在式(2-10)中取 $n = a$,并将 $P(B_1) - 1 = -\frac{1}{a+b}, P(B_0) = 1$ 代入得
$$P(B_a) = 1 - \frac{a}{a+b} = \frac{b}{a+b}. \tag{2-11}$$
式(2-11)说明,当甲的本金 a 有限时,想赢得的钱 b 越多,输光的概率越大,特别当 $b \to \infty$ 时,甲几乎必定输光.

2.4.4 贝叶斯公式

在条件概率公式、乘法公式及全概率公式的基础上,可以推导出一个著名的公式.

设事件组 $B_1, B_2, \cdots, B_n$ 为样本空间 Ω 的一个划分,A 为 Ω 中一事件且 $P(A) > 0$,则
$$P(B_j \mid A) = \frac{P(B_j) P(A \mid B_j)}{\sum_{i=1}^{n} P(B_i) P(A \mid B_i)}, \quad j = 1, 2, \cdots, n. \tag{2-12}$$
式(2-12)称为贝叶斯(Bayes)公式.

例 2-21 (续例 2-18) 若已知从乙口袋中取出的球是白球,求从甲口袋中取出 2 个白球的概率.

解 依贝叶斯公式,由例 2-18 知,所求为
$$P(B_1 \mid A) = \frac{P(B_1) P(A \mid B_1)}{\sum_{i=1}^{3} P(B_i) P(A \mid B_i)} = \frac{\frac{1}{10} \times \frac{5}{7}}{19/35} = \frac{5}{38}.$$

2.4 条件概率与事件的独立性

例 2-22（续例 2-19）　若已知该人迟到,求他选择乘坐动车的概率.

解　依贝叶斯公式,由例 2-19 知,所求为

$$P(B_2 \mid A) = \frac{P(B_2)P(A \mid B_2)}{\sum_{i=1}^{4} P(B_i)P(A \mid B_i)} = \frac{0.5 \times 0.1}{0.17} = \frac{5}{17}.$$

在贝叶斯公式(2-12)中,若称 $P(B_j)$ 为事件 B_j 的先验概率,则称 $P(B_j \mid A)$ 为事件 B_j 发生的后验概率(即在知道一定信息——事件 A 发生下),因此,贝叶斯公式是专门用于计算后验概率的,也即通过 A 发生这个信息,对事件 B_j 发生的概率作出修正,并借此采取后续措施.

2.4.5 事件的独立性

设 A 和 B 是样本空间 Ω 中的两个事件,之前,我们讨论了事件 A 发生的无条件概率 $P(A)$ 及事件 A 发生的条件概率 $P(A \mid B)$(其中,$P(B) > 0$).若事件 A 的发生与否不受事件 B 的发生与否的影响,则

$$P(A) = P(A \mid B),$$

或进一步由乘法公式得

$$P(AB) = P(B) \times P(A \mid B) = P(A) \times P(B). \tag{2-13}$$

用式(2-13)来表示事件 A 和事件 B 相互独立.

定义 2-4　设 A 和 B 是样本空间 Ω 中的两个事件,如果

$$P(AB) = P(A) \times P(B), \tag{2-14}$$

则称事件 A 和事件 B **相互独立**,简称为 A, B 独立.

显然,不可能事件 $\varnothing$、必然事件 Ω 与任何事件都相互独立. 事件独立的概念可推广至 n 个事件相互独立.

定义 2-5　设 $A_1, A_2, \cdots, A_n$ 在同一样本空间 Ω 中定义,称 $A_1, A_2, \cdots, A_n$ 相互独立,对任何 $1 \leqslant j_1 < j_2 < \cdots < j_k \leqslant n$,下式均成立:

$$P(A_{j_1} A_{j_2} \cdots A_{j_k}) = P(A_{j_1}) P(A_{j_2}) \cdots P(A_{j_k}). \tag{2-15}$$

下面,我们不加证明地给出事件独立的其他充要条件.

命题　事件 A, B 独立 $\Leftrightarrow$ 事件 $A, \overline{B}$ 独立 $\Leftrightarrow$ 事件 $\overline{A}, B$ 独立 $\Leftrightarrow$ 事件 $\overline{A}, \overline{B}$ 独立.

例 2-23　已知事件 A, B 独立且 $P(A) = 0.4, P(B) = 0.5$,求 $P(A+B)$.

解　由概率的加法公式得

$$P(A+B) = P(A) + P(B) - P(AB).$$

又事件 A, B 独立,故 $P(AB) = P(A)P(B)$,将 $P(A) = 0.4, P(B) = 0.5$ 代入得

$$P(A+B) = 0.4 + 0.5 - 0.4 \times 0.5 = 0.7.$$

例 2-24 系统由两个独立工作的元件构成,两元件正常工作的概率分别为 0.8,0.9,求:(1) 这两个元件为串联状态时,系统正常工作的概率;

(2) 这两个元件为并联状态时,系统正常工作的概率.

解 设 A 表示事件"元件 1 正常工作",B 表示事件"元件 2 正常工作",由已知得

$$P(A)=0.8, \quad P(B)=0.9, \quad P(AB)=P(A)\times P(B).$$

(1) 依题意,所求概率为

$$P(AB)=P(A)\times P(B)=0.8\times 0.9=0.72;$$

(2) 依题意,所求概率为

$$P(A+B)=P(A)+P(B)-P(AB)=0.8+0.9-0.8\times 0.9=0.98.$$

例 2-25 重复独立做了 n 次试验,每次试验中事件 A 发生的概率为 $p(0<p<1)$,求 n 次试验中,事件 A 至少发生一次的概率.

解 由于试验是独立进行的,则利用逆事件计算公式得

$P(n$ 次试验中事件 A 至少发生一次$)$
$=1-P(n$ 次试验中事件 A 一次都没发生$)$
$=1-(1-p)^n.$

令 $n\to\infty$,$(1-p)^n\to 0$,则得

$P(n$ 次试验中事件 A 至少发生一次$)\to 1.$

这说明,n 次重复独立试验中,即使事件 A 在每次试验中发生的概率很小,当试验次数无限增加时,它至少发生一次的概率也无限接近于 1,从而可以认为试验次数足够多的时候,事件 A 必然发生. 这也提醒大家:"不要横穿马路".

习 题

1. 掷一颗骰子,写出相应的样本空间:

(1) 观察出现的点数是单数还是双数;

(2) 观察出现的点数是否超过 3.

2. 掷两颗骰子,观察出现的点数. 设 A 表示事件"两个骰子的点数和为 7",B 表示事件"两个骰子的点数均为奇数",求 $A\cap B, A\cup B, A-B, B-A$.

3. 已知 $P(A)=\dfrac{1}{3}$,(1) 若 A,B 不相容,求 $P(A\overline{B})$;(2) 若 $P(AB)=\dfrac{1}{4}$,求 $P(A\overline{B})$.

4. 已知 $P(A)=0.5, P(B)=0.3, P(A\overline{B})=0.4$,求 $P(AB), P(A+B)$.

5. 口袋中有 9 个球,分别标有号码 1～9,现从中不放回地任取 3 个,记下取出球的号码,求最大号码为 6 的概率.

6. 在 4 个红球、5 个白球中任取 3 个,求:
(1) 取到的 3 个球均为红球的概率;
(2) 取到的 3 个球为 1 红 2 白的概率;
(3) 取到的 3 个球中至少有 1 红的概率.

7. 同时掷 3 颗均匀骰子,求 3 颗骰子出现的点数均相等(俗语称为"豹子")的概率.

8. 从 6 双不同的球鞋中任取 4 只,求所取 4 只均不成双的概率.

9. 从数字 $1,2,\cdots,9$ 中(可重复)任取 $n(n \geqslant 2)$ 次,求 n 次所取的数字的乘积能被 14 整除的概率.

10. 从 $(0,2)$ 中任取两个数,求这两个数的差小于 1 的概率.

11. 某厂有甲、乙、丙三个车间生产同一种产品,这三个车间的产量分别占总产量的 $30\%,50\%,20\%$,不合格品率分别为 $0.04,0.03,0.05$. 现从该厂生产的产品中任取一件,(1)求取出的是正品的概率;(2)若已知取出的是正品,求它是甲车间生产的概率.

12. 箱子中装有 10 个网球,其中 8 个是新的,第一次比赛时从箱子中任取 2 个,用后仍放回箱子中,第二次比赛时再从箱子中任取 2 个.
(1) 求第二次取出的 2 个球都是新球的概率;
(2) 若已知第二次取出的 2 个球都是新球,求第一次取出的 2 个球都是新球的概率.

13. 数字通信中,信号由数字 0 和 1 的长串序列组成. 由于随机干扰,发送的信号 0 或 1 各有可能错误地被接收为 1 或 0. 现假定发送信号 0 和 1 的概率均为 $\frac{1}{2}$,又已知发送 0 时,接收为 0 和 1 的概率分别为 0.9 和 0.1;发送 1 时,接收为 1 和 0 的概率分别为 0.85 和 0.15. 求:
(1) 收到的信号是 0 的概率;
(2) 已知收到的信号是 0 时,发出的信号也是 0 的概率.

14. 某医院女婴的出生率为 0.49,如果在该医院新生儿中随机找 3 名,求:
(1) 恰好有一名女婴的概率;
(2) 至少有一名女婴的概率.

15. 在某场 CUBA 比赛间隙,球员与现场观众互动,进行罚球投篮比赛. 据统计,已知球员的罚球命中率为 85%,而普通观众的罚球命中率为 20%,请问,作为普通观众的你,更愿意接受哪种赛制:一球定胜负或三球定胜负?

16. 一电路系统由 5 个独立的同类型元件组成,每个元件正常工作的概率为 0.9,求:

(1) 恰有 3 个元件正常工作的概率;

(2) 至少有 2 个元件正常工作的概率.

17. (**先下手为强**)甲、乙两人射击水平相当(即每枪命中概率均为 $p(0<p<1)$),约定比赛规则:双方轮流对目标进行射击,每次一发子弹,若一方射击不中,则换另一人继续射击,直到有人命中目标时比赛停止,命中一方为比赛的获胜者. 你认为先射击者是否一定处于优势地位? 为什么?

18. 古人云,"言多必失",请从概率的角度上阐释这一现象.

第 3 章

随机变量及其分布

兵无常势,水无常形.

中国,春秋,孙武,《孙子兵法·虚实篇》

三十年河东,三十年河西.

中国,清朝,吴敬梓,《儒林外传》

生活中到处充斥着不确定性,而人的本性就在于从各种随机现象中找寻规律,进而发掘其中蕴含的某种确定性. 随机变量是研究随机现象的有力工具,它是概率论中最基本的概念之一. 本章首先介绍随机变量的概念和反映其概率规律的分布函数;然后具体地研究两类常见的随机变量——离散型随机变量和连续型随机变量;随后讨论随机变量的函数的分布;最后,探讨随机变量间的独立性.

3.1 随机变量的概念

3.1.1 随机变量

随机试验的内容虽然千差万别,但是,许多随机试验的实质却是一样的. 比如,掷硬币正反面的出现和投篮是否命中,其结果都只可能有两个,所不同的仅仅是硬币的正反面和投篮是否命中这两者的概率可能不一样而已. 事实上,只要一个随机试验的可能结果仅有两个,其实质都和掷硬币相同. 为了能够对实质相同的随机现象进行统一研究,我们将不再关心其试验结果的具体意义,而是寻求在随机试验的具体结果(如正反面、是否命中等)与抽象的欧几里得(Euclid)空间 $\mathbb{R}^n$ 中的点之间建立对应关系,这就是随机变量.

定义 3-1 设随机试验 E 的样本空间为 $\Omega = \{\omega\}$, $X = X(\omega)$ 是定义在样本空间 Ω 上的实值函数,称 $X = X(\omega)$ 为**一维随机变量**. 若 $Y = Y(\omega)$ 也是定义在样本空

间 Ω 上的实值函数,则称 $(X,Y)=(X(\omega),Y(\omega))$ 为**二维随机变量**.类似地,我们可以定义 n 维随机变量.

例 3-1 掷一枚骰子,观察出现的点数的奇偶性,若出现的点数为奇数,则取值 0;若点数为偶数,则取值 1. 显然,针对此随机试验,样本空间 $\Omega=\{$奇数,偶数$\}$,我们可以定义随机变量

$$X=\begin{cases}0, & \text{掷出的点数为奇数} \\ 1, & \text{掷出的点数为偶数}\end{cases}.$$

显然,X 的取值依赖于随机试验出现的结果,而随机试验出现哪一结果是不确定的,是具有一定概率的,因此,随机变量与一般函数的区别在于其取值具有**不确定性**.

例 3-2 盒子中装有 4 个黑球、2 个白球和 2 个红球,从中任取 2 个,以 X 表示取到的黑球个数,以 Y 表示取到的白球个数. 依题意,X 的可能取值为 $0,1,2$,Y 的可能取值为 $0,1,2$,(X,Y) 构成一个二维随机变量,样本空间
$$\Omega=\{(0,0),(0,1),(0,2),(1,0),(1,1),(1,2),(2,0),(2,1),(2,2)\}.$$
其中,"$(X,Y)=(0,0)$" 表示事件 "取到的 2 个球中,黑球个数为 0、白球个数也为 0"(即取到的 2 个球均为红球);而 "$(X,Y)=(2,2)$" 表示事件 "取到的 2 个球中,黑球个数为 2、白球个数也为 2",因为总共取球个数为 2,显然,事件 "$(X,Y)=(2,2)$" 不可能发生,此时 $P(X=2,Y=2)=0$.

3.1.2 分布函数

既然一维随机变量是定义在样本空间上的一元函数,那么我们可以将它与给定的实数进行比较,给出一维随机变量的分布函数的概念,并推广至二维及 n 维随机变量.

定义 3-2 设 X 为定义在样本空间 $\Omega=\{\omega\}$ 上的一维随机变量,$\forall x\in\mathbb{R}$,称一元函数

$$F(x)=P(X\leqslant x) \tag{3-1}$$

为一维随机变量 X 的**分布函数**,记为 $X\sim F(x)$. 如图 3-1 所示,分布函数 $F(x)$ 刻画了事件 "随机变量 X 取值不超过给定的实数 x" 或 "随机变量 X 落在给定的实数 x 的左边" 发生的概率.

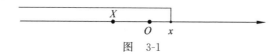

图 3-1

3.1 随机变量的概念

例 3-3（续例 3-1） 若骰子是均匀的，设随机变量 $X=\begin{cases}0, & \text{掷出的点数为奇数},\\ 1, & \text{掷出的点数为偶数}.\end{cases}$

显然，$P(X=0)=P(X=1)=\dfrac{1}{2}$，因此，$\forall x\in\mathbb{R}$，$X$ 的分布函数

$$F(x)=P(X\leqslant x)=\begin{cases}0, & x<0,\\ \dfrac{1}{2}, & 0\leqslant x<1,\\ 1, & x\geqslant 1.\end{cases}$$

注：当 $x<0$ 时，因为随机变量 X 的可能取值为 0 和 1，均落在 x 的右边，此时

$$P(X\leqslant x)=0;$$

当 $0\leqslant x<1$ 时，落在 x 的左边的 X 的可能取值为 0，此时

$$P(X\leqslant x)=P(X=0)=\dfrac{1}{2};$$

而当 $x\geqslant 1$ 时，因为 X 的最大可能取值为 1，因此"$X\leqslant x$"为必然事件，此时

$$P(X\leqslant x)=1.$$

同理，$\forall (x,y)\in\mathbb{R}^2$，称二元函数

$$F(x,y)=P(X\leqslant x,Y\leqslant y) \tag{3-2}$$

为二维随机变量 (X,Y) 的**联合分布函数**，记为 $(X,Y)\sim F(x,y)$.

如图 3-2 所示，联合分布函数 $F(x,y)$ 刻画了事件"随机变量 X 的取值不超过给定的实数 x 且随机变量 Y 的取值不超过给定的实数 y"或"二维随机点 (X,Y) 落在以 (x,y) 作为右上端点的左下方矩形区域内"发生的概率.

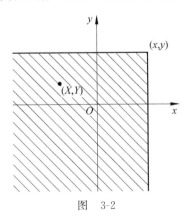

图 3-2

类似地，我们可以定义 n 维随机变量的联合分布函数.

对一维随机变量 X,我们不加证明地给出,其分布函数 $F(x)$ 具有如下性质:

(1) **有界性**: $0 \leqslant F(x) \leqslant 1$.

(2) **单调性**: 若 $x_1 < x_2$,则 $F(x_1) \leqslant F(x_2)$.

(3) **右连续性**: $\lim\limits_{x \to x_0^+} F(x) = F(x_0)$.

(4) **极限存在**: $\lim\limits_{x \to -\infty} F(x) = F(-\infty) = 0$, $\lim\limits_{x \to +\infty} F(x) = F(+\infty) = 1$.

显然,由分布函数,$\forall x_1 < x_2$,可以求概率:
$$P(x_1 < X \leqslant x_2) = F(x_2) - F(x_1).$$

类似地,对二维随机变量 (X, Y),其联合分布函数 $F(x, y)$ 具有如下性质:

(1) **有界性**: $0 \leqslant F(x, y) \leqslant 1$, $\forall (x, y) \in \mathbb{R}^2$.

(2) **单调性**: 若 $x_1 < x_2$,则 $F(x_1, y) \leqslant F(x_2, y)$, $\forall y \in \mathbb{R}$.

若 $y_1 < y_2$,则 $F(x, y_1) \leqslant F(x, y_2)$, $\forall x \in \mathbb{R}$.

(3) **右连续性**: $\lim\limits_{x \to x_0^+} F(x, y) = F(x_0, y)$, $\lim\limits_{y \to y_0^+} F(x, y) = F(x, y_0)$.

(4) **极限存在**:
$$\lim\limits_{x \to -\infty} F(x, y) = F(-\infty, y) = 0,$$
$$\lim\limits_{y \to -\infty} F(x, y) = F(x, -\infty) = 0,$$
$$\lim\limits_{x \to +\infty, y \to +\infty} F(x, y) = F(+\infty, +\infty) = 1.$$

同理,$\forall x_1 < x_2, y_1 < y_2$,如图 3-3 所示,二维随机变量 (X, Y) 落在阴影区域内的概率可以由分布函数表示,即
$$P(x_1 < X \leqslant x_2, y_1 < Y \leqslant y_2) = F(x_2, y_2) - F(x_1, y_2) - F(x_2, y_1) + F(x_1, y_1).$$

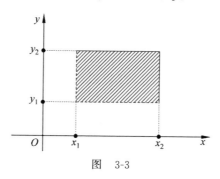

图 3-3

二维随机变量的联合分布函数与一维随机变量的分布函数间具有如下关系:
$$F_X(x) = P(X \leqslant x) = P(X \leqslant x, Y \leqslant +\infty) = F(x, +\infty), \quad (3-3)$$
$$F_Y(y) = P(Y \leqslant y) = P(X \leqslant +\infty, Y \leqslant y) = F(+\infty, y). \quad (3-4)$$

其中,$F_X(x), F_Y(y)$ 分别称为二维随机变量 (X, Y) 关于边际随机变量 X, Y 的**边**

际分布函数.

若 $\forall (x,y) \in \mathbb{R}^2$,均有
$$F(x,y) = F_X(x) \cdot F_Y(y), \tag{3-5}$$
则称随机变量 X 与随机变量 Y **相互独立**.

3.2 随机变量的分类

分门别类地研究随机变量有助于我们更加清晰和准确地掌握它们的概率分布规律. 本节主要讨论离散型随机变量和连续型随机变量及其分布规律.

3.2.1 一维随机变量的分类

定义 3-3 若随机变量 X 的可能取值为有限个或无限可列个,不妨记为 x_1, $x_2, \cdots, x_k, \cdots$,则称之为**一维离散型**随机变量. 称 X 取各个可能值的概率(即事件"$X = x_k$"发生的概率)
$$P(X = x_k) = p_k, \quad k = 1, 2, \cdots \tag{3-6}$$
为离散型随机变量 X 的**概率分布列**(或概率分布律),简称**分布列**(或分布律).

显然,$0 \leqslant p_k \leqslant 1$,且
$$\sum_{k=1}^{\infty} p_k = 1. \tag{3-7}$$
离散型随机变量的分布列也常用表 3-1 的形式给出.

表 3-1

X	x_1	x_2	$\cdots$	x_k	$\cdots$
p	p_1	p_2	$\cdots$	p_k	$\cdots$

例 3-4 箱子中装有同类型的 3 个红球、2 个黑球,从中任取 2 个,X 表示取到的红球数,求 X 的分布列.

解 依题意,X 的可能取值为 0,1,2,而"$X = 0$"相当于取到的 2 个球均为黑球,"$X = 1$"相当于取到的 2 个球为 1 红 1 黑,"$X = 2$"相当于取到的 2 个球均为红球,又
$$P(X=0) = \frac{C_2^2}{C_5^2} = \frac{1}{10}, \quad P(X=1) = \frac{C_3^1 C_2^1}{C_5^2} = \frac{6}{10}, \quad P(X=2) = \frac{C_3^2}{C_5^2} = \frac{3}{10}.$$
因此,X 的分布列如表 3-2 所示.

表 3-2

X	0	1	2
p	$\dfrac{1}{10}$	$\dfrac{6}{10}$	$\dfrac{3}{10}$

下面介绍几种常见的一维离散型随机变量.

1. 0-1 分布（0-1 distribution）

若随机变量 X 的取值只可能为 0 和 1，它的分布列（或分布律）为

$$P(X=0)=1-p,\quad P(X=1)=p,\quad 0<p<1, \tag{3-8}$$

则称 X 服从参数为 p 的 **0-1 分布**或**两点分布**.

注：0-1 分布用来刻画只有两个试验结果的随机试验，在生活中有诸多应用，例如产品质量是否合格、抛硬币出现正面还是反面、掷骰子出现的点数为奇数还是偶数（例 3-1）、新生婴儿性别等.

2. 二项分布（binomial distribution）

若随机变量 X 的分布列（或分布律）为

$$P(X=k)=\mathrm{C}_n^k p^k (1-p)^{n-k},\quad k=0,1,\cdots,n, \tag{3-9}$$

则称 X 服从参数为 n,p 的**二项分布**，记为 $\boldsymbol{X\sim b(n,p)}$.

注：服从参数为 n,p 的二项分布的随机变量 X 可用如下模型解释：重复独立进行 n 次试验，每次试验中事件 A 发生的概率为 p（那么，事件 A 在每次试验中不发生的概率为 $1-p$）. 用 X 表示这 n 次试验中事件 A 发生的总次数，则随机变量 $X\sim b(n,p)$.

显然，0-1 分布为特殊情形的二项分布（试验次数 $n=1$）；另外，二项分布也可以看成 n 个独立的 0-1 分布的和.

瑞士数学家雅各布·伯努利（Jakob Bernoulli,1654—1705）首次研究独立重复试验（每次成功率为 p）. 1713 年，他的侄子尼克拉斯出版了伯努利的著作《猜度术》. 在书中，伯努利指出：如果这样的试验次数足够多，那么成功次数所占的比例以概率 p 接近 1. 因此，上述重复独立试验也称为 n 重伯努利试验.

3. 泊松分布（Poisson distribution）

若随机变量 X 的分布列（或分布律）为

$$P(X=k)=\mathrm{e}^{-\lambda}\dfrac{\lambda^k}{k!},\quad k=0,1,\cdots,\text{常数 }\lambda>0, \tag{3-10}$$

则称 X 服从参数为 λ 的**泊松分布**，记为 $X\sim\pi(\lambda)$.

注：泊松（Poisson）分布是一种概率统计中常见的离散型概率分布，由法国数

学家西莫恩·德尼·泊松(Simeon-Denis Poisson)在 1838 年发表. 泊松分布的随机变量在生活中有广泛应用. 例如,统计研究发现,某医院一晚上接到的急诊电话个数、某商店一天接待的顾客数、某交通路口在一定时间内所发生的事故起数等均服从泊松分布.

因为二项分布中涉及阶乘运算(如 C_n^k)及幂运算(如 p^n),因此其计算量有时偏大,下面我们介绍一个用泊松分布来近似计算二项分布的定律.

泊松定理(二项分布的近似定律) 重复独立进行 n 次试验,事件 A 每次发生的概率为 p_n,如果当试验次数 $n\to\infty$ 时,$np_n\to\lambda$,则对任意给定的非负整数 k,有

$$\lim_{n\to\infty} C_n^k p_n^k (1-p_n)^{n-k} = e^{-\lambda}\frac{\lambda^k}{k!}. \qquad (3-11)$$

在应用泊松定理进行近似计算时,只要 p_n 较小而 n 相对较大,我们就可以直接取 $\lambda = np_n$.

例 3-5 某工厂生产某类型产品,次品率为 0.1%,各产品成为次品相互独立. 求在 1000 件产品中至少有 2 件次品的概率.

解 以 X 表示 1000 件产品中的次品数,则 $X \sim b(1000, 0.1\%)$. 依题意,所求概率为

$$P(X \geqslant 2) = 1 - P(X=0) - P(X=1)$$
$$= 1 - C_{1000}^0 \times 0.001^0 \times 0.999^{1000} - C_{1000}^1 \times 0.001^1 \times 0.999^{999}.$$

利用泊松定理进行计算,取 $\lambda = 1000 \times 0.1\% = 1$,则由式(3-11)得

$$P(X=0) = C_{1000}^0 \times 0.001^0 \times 0.999^{1000} \approx \frac{1^0 \times e^{-1}}{0!} = e^{-1},$$

$$P(X=1) = C_{1000}^1 \times 0.001^1 \times 0.999^{999} \approx \frac{1^1 \times e^{-1}}{1!} = e^{-1}.$$

因此,所求概率为

$$P(X \geqslant 2) = 1 - P(X=0) - P(X=1) \approx 1 - 2/e.$$

例 3-6 某车间有同型设备 300 台,各台设备的工作是相互独立的,发生故障的概率都是 0.01. 假定一台设备的故障可以由 1 名维修工人处理,问该车间至少要配备多少名维修工人,才能保证设备发生故障但不能及时维修的概率小于 0.01?

解 设该车间需配备 m 名工人,X 表示同一时刻发生故障的设备台数,由已知,显然有 $X \sim b(300, 0.01)$. 依题意,问题转化为确定最小的 m 值,使得

$$P(X > m) < 0.01,$$

此即
$$1-P(X\leqslant m)=1-\sum_{k=0}^{m}C_{300}^{k}\cdot 0.01^{k}\cdot 0.99^{300-k}<0.01.$$

又 $np=\lambda=3$,根据泊松定理,即式(3-11)得

$$C_{300}^{k}\cdot 0.01^{k}\cdot 0.99^{300-k}\approx \frac{3^{k}}{k!}e^{-3},$$

故问题转化为求 m 的最小值,使得

$$1-\sum_{k=0}^{m}\frac{3^{k}}{k!}e^{-3}<0.01.$$

经 Excel 表计算,可得:当 $m\geqslant 8$ 时上式成立.因此,该车间至少需要配备 8 名维修工人才能保证设备发生故障但不能及时维修的概率小于 0.01.

4. 几何分布(geometric distribution)

若随机变量 X 的分布列(或分布律)为

$$P(X=k)=p(1-p)^{k-1}, \quad k=1,2,\cdots, 0<p<1, \tag{3-12}$$

则称随机变量 X 服从参数为 p 的**几何分布**,记为 $X\sim\mathrm{Ge}(p)$.

注:服从参数为 p 的几何分布的随机变量 X 可用如下模型解释:重复独立进行试验,设每次试验中事件 A 发生的概率为 $p(0<p<1)$.用 X 表示在这一系列试验中事件 A 首次发生时已进行的试验次数,则 X 所服从的分布即为几何分布.

借助等比级数求和公式

$$P(X>m)=\sum_{i=m+1}^{+\infty}p(1-p)^{i-1}=(1-p)^{m},$$

若随机变量 $X\sim\mathrm{Ge}(p)$,由条件概率公式,对任意正整数 m,n,总有

$$\begin{aligned}P(X>n+m\mid X>n)&=\frac{P(X>n+m,X>n)}{P(X>n)}\\&=\frac{P(X>n+m)}{P(X>n)}\\&=\frac{(1-p)^{n+m}}{(1-p)^{n}}=(1-p)^{m}\\&=P(X>m).\end{aligned} \tag{3-13}$$

若随机变量 X 满足式(3-13),则称 X 具有**无记忆性**.

可以用如下模型阐释式(3-13)所表达的含义:设 X 表示重复独立射击试验中首次命中时已进行的射击次数(每次命中概率为 p),已知前 n 次射击均没有命中(即 $X>n$),往下继续进行 m 次射击仍未命中(即 $X>n+m$)的条件概率

$P(X>n+m\mid X>n)$，与从开始射击算起，进行 m 次射击没命中的概率 $P(X>m)$ 相等（与 n 无关）. 这就是说，射击首次命中次数 X，对已进行的没有命中的前 n 次射击是没有记忆的.

几何分布的这种无记忆性从数学上阐释了：在生活中，赌徒连续赌输多次后，认为"下一次出现赢的结果的概率大"的想法是错误的.

5. 超几何分布（hypergeometric distribution）

若随机变量 X 的分布列（或分布律）为

$$P(X=k)=\frac{C_M^k C_{N-M}^{n-k}}{C_N^n}, \quad k=l, l+1, \cdots, r, \tag{3-14}$$

其中，$l=\max\{0, n-(N-M)\}$，$r=\min\{M, n\}$，则称随机变量 X 服从参数为 n，N，M 的**超几何分布**，记为 $X \sim h(n, N, M)$.

注：服从参数为 n，N，M 的超几何分布的随机变量 X 可用如下模型解释：设 N 件产品中有 $M(\leqslant N)$ 件次品，从中不放回地抽取 n 件产品，则所取 n 件产品中含 i 件次品的概率即为上述超几何分布的分布列.（因为所取 n 件产品中含有 i 件次品，意味着含有 $n-i$ 件正品；而次品只能在原来的 M 件次品中选取，正品只能在原来的 $N-M$ 件正品中选取.）

超几何分布在抽样统计中有重要应用.

定义 3-4 若对于随机变量 X 的分布函数 $F(x)$，存在非负函数 $f(x)$，使得对任意给定的实数 x，有

$$F(x)=P(X \leqslant x)=\int_{-\infty}^{x} f(t) \mathrm{d} t, \tag{3-15}$$

则称 X 为**一维连续型随机变量**. 其中，非负函数 $f(x)$ 称为 X 的**密度函数**.

注：分布函数 $F(x)$ 刻画了事件"随机变量 X 的取值不超过给定的实数 x"发生的概率，如图 3-4 所示，这里的概率值对应为 tOy 平面上由 t 轴、直线 $t=x$、曲线 $y=f(t)$ 所围成区域的面积.

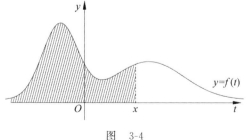

图 3-4

一维连续型随机变量 X 的密度函数 $f(x)$ 具有如下性质:

(1) 非负性:对任意给定的实数 x,均有 $f(x) \geqslant 0$.

(2) $\int_{-\infty}^{+\infty} f(x) \mathrm{d}x = 1$.

(3) 对于任意实数 $x_1 \leqslant x_2$,
$$P\{x_1 < X \leqslant x_2\} = F(x_2) - F(x_1) = \int_{x_1}^{x_2} f(x) \mathrm{d}x.$$

(4) 若 $f(x)$ 在点 x 处连续,则有 $F'(x) = f(x)$.

注:若 X 是连续型随机变量,则对任意给定的实数 x_0,都有 $P(X = x_0) = 0$,即连续型随机变量取单点的概率为零.

下面介绍几种常见的一维连续型随机变量.

1. 均匀分布(uniform distribution)

若连续型随机变量 X 具有如下密度函数:
$$f(x) = \begin{cases} \dfrac{1}{b-a}, & a \leqslant x \leqslant b, \\ 0, & \text{其他}. \end{cases} \tag{3-16}$$

则称 X 在区间 $[a, b]$ 上服从**均匀分布**,记为 $X \sim U(a, b)$.

注:当随机变量 X 在区间 $[a, b]$ 上服从均匀分布时,随机变量 X 落在区间 (a, b) 的子区间内的概率只与该子区间的长度有关,而与该子区间落在区间 (a, b) 中的位置无关.

当 $x \leqslant a$ 时,$f(t) = 0$,此时,
$$F(x) = \int_{-\infty}^{x} f(t) \mathrm{d}t = \int_{-\infty}^{x} 0 \mathrm{d}t = 0;$$

当 $a < x < b$ 时,$f(t) = \dfrac{1}{b-a}$,此时,
$$F(x) = \int_{-\infty}^{x} f(t) \mathrm{d}t = \int_{-\infty}^{a} f(t) \mathrm{d}t + \int_{a}^{x} f(t) \mathrm{d}t = \int_{-\infty}^{a} 0 \mathrm{d}t + \int_{a}^{x} \frac{1}{b-a} \mathrm{d}t = \frac{x-a}{b-a};$$

类似地,当 $x \geqslant b$ 时,
$$F(x) = \int_{-\infty}^{x} f(t) \mathrm{d}t = \int_{-\infty}^{a} 0 \mathrm{d}t + \int_{a}^{b} \frac{1}{b-a} \mathrm{d}t + \int_{b}^{+\infty} 0 \mathrm{d}t = 1;$$

因此,由式(3-15),得均匀分布随机变量 X 的分布函数为
$$F(x) = P(X \leqslant x) = \int_{-\infty}^{x} f(t) \mathrm{d}t = \begin{cases} 0, & x \leqslant a, \\ \dfrac{x-a}{b-a}, & a < x < b, \\ 1, & x \geqslant b. \end{cases}$$

均匀分布随机变量的密度函数 $f(x)$ 及分布函数 $F(x)$ 的图形分别如图 3-5 及图 3-6 所示.

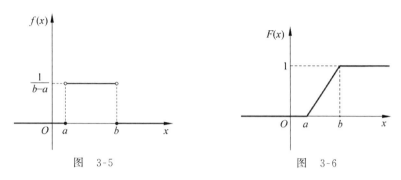

图 3-5　　　　　　　　　　图 3-6

服从均匀分布的随机变量在生活中有诸多应用. 例如,一般地,测量误差、乘客候车的等待时间、数值计算时的舍入误差、流行病学研究中的调查对象等都可视为均匀分布随机变量. 另外,任何一个具有连续且严格单调的分布函数的随机变量,都可以跟均匀分布随机变量发生联系(见例 3-14),因此,在进行计算机随机模拟时,常利用均匀分布随机数来生成服从其他随机分布的随机数,这是随机模拟法(也称蒙特卡洛法)的基础.

2. 指数分布（exponential distribution）

若连续型随机变量 X 具有如下密度函数：

$$f(x) = \begin{cases} \lambda e^{-\lambda x}, & x > 0, \\ 0, & x \leqslant 0, \end{cases} \quad \lambda > 0, \tag{3-17}$$

则称 X 服从参数为 λ 的**指数分布**,记为 $X \sim \mathrm{Exp}(\lambda)$.

由式(3-15)得指数分布随机变量 X 的分布函数为

$$F(x) = P(X \leqslant x) = \int_{-\infty}^{x} f(t) \mathrm{d}t = \begin{cases} 1 - e^{-\lambda x}, & x > 0, \\ 0, & x \leqslant 0. \end{cases}$$

由于服从指数分布的随机变量只可能取非负实数,因此服从指数分布的随机变量常被用于各种"寿命"分布,例如人的寿命、银行服务的等待时间、电子元件的使用寿命等都可假定服从指数分布. 另外,指数分布在可靠性与排队论中也有着广泛应用.

与离散型随机变量中的几何分布类似,指数分布随机变量也具有无记忆性.

例 3-7（指数分布的无记忆性）　若随机变量 $X \sim \mathrm{Exp}(\lambda)$,则 $\forall s > 0, t > 0$,有

$$P(X > s+t \mid X > s) = P(X > t). \tag{3-18}$$

证　由 $X \sim \mathrm{Exp}(\lambda)$,当 $s > 0$ 时,得

$$P(X>s)=\int_{s}^{+\infty}f(x)\mathrm{d}x=\int_{s}^{+\infty}\lambda\mathrm{e}^{-\lambda x}\mathrm{d}x=\mathrm{e}^{-\lambda s}.$$

由条件概率公式得

$$P(X>s+t\mid X>s)=\frac{P(X>s+t,X>s)}{P(X>s)}=\frac{P(X>s+t)}{P(X>s)}$$

$$=\frac{\mathrm{e}^{-\lambda(s+t)}}{\mathrm{e}^{-\lambda s}}=\mathrm{e}^{-\lambda t}=P(X>t).$$

式(3-18)的含义如下：若用 X 表示某个元件的使用寿命(单位：h)且设 $X\sim$ Exp(λ)，那么已知此元件已经正常使用了 s 小时(即已知 $X>s$)，则能再继续正常使用 t 小时(即 $X>s+t$)的条件概率 $P(X>s+t\mid X>s)$ 与曾经正常使用的时间 s 无关，等于重新开始正常使用 t 小时的概率 $P(X>t)$，即服从指数分布的元件的使用寿命对曾经正常使用过的 s 小时无记忆.

元件使用寿命的这种无记忆性，显然与人们习惯上认为的"旧不如新"相悖. 所以，生活中的一些所谓"直觉""常识"在数学上不一定是正确的.

3. 正态分布（normal distribution）

若连续型随机变量 X 具有如下密度函数：

$$f(x)=\frac{1}{\sqrt{2\pi}\sigma}\mathrm{e}^{-\frac{(x-\mu)^2}{2\sigma^2}},\quad -\infty<x<+\infty,-\infty<\mu<+\infty,\sigma>0, \quad (3\text{-}19)$$

则称 X 服从参数为 μ,σ^2 的**正态分布**，记为 $X\sim N(\mu,\sigma^2)$.

正态分布的密度函数图形如图 3-7 所示，其图形关于直线 $x=\mu$ 对称.

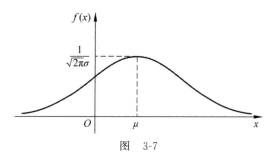

图 3-7

当 σ 固定时，密度函数图形随 μ 的取值不同而沿着 x 轴变化，如图 3-8 所示，即正态分布密度函数的位置由参数 μ 所确定，因此称 μ 为**位置参数**.

而当 μ 固定时，其图形位置不变，如图 3-9 所示，随着 σ 减小，密度函数曲线呈高而瘦形态，概率相对集中在直线 $x=\mu$ 两侧；而随着 σ 增大，密度函数曲线呈矮而胖形态，概率相对分散到直线 $x=\mu$ 两侧，也即正态分布密度函数的尺度由参数 σ 所确定，因此称 σ 为**尺度参数**.

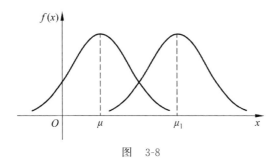

图 3-8

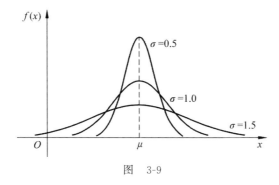

图 3-9

下面介绍标准正态分布 $N(0,1)$.

我们称 $\mu=0$, $\sigma=1$ 时的正态分布 $N(0,1)$ 为标准正态分布. 若随机变量 $X\sim N(0,1)$, 则其密度函数常记为

$$\varphi(x)=\frac{1}{\sqrt{2\pi}}\mathrm{e}^{-\frac{x^2}{2}}, \quad -\infty<x<+\infty, \qquad (3-20)$$

其分布函数常记为

$$\Phi(x)=\int_{-\infty}^{x}\varphi(t)\mathrm{d}t=\frac{1}{\sqrt{2\pi}}\int_{-\infty}^{x}\mathrm{e}^{-\frac{t^2}{2}}\mathrm{d}t, \quad -\infty<x<+\infty.$$

如图 3-10 所示,由对称性,显然有

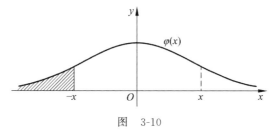

图 3-10

$$\Phi(-x) = 1 - \Phi(x), \quad \forall x \in \mathbb{R}.$$

定理 3-1（正态分布随机变量的标准化） 若随机变量 $X \sim N(\mu, \sigma^2)$，则随机变量

$$\frac{X-\mu}{\sigma} \sim N(0,1). \tag{3-21}$$

当随机变量 $X \sim N(\mu, \sigma^2)$ 时，借助此定理，可以得到一些在实际中有用的计算公式，例如：

$$P(X \leqslant c) = P\left(\frac{X-\mu}{\sigma} \leqslant \frac{c-\mu}{\sigma}\right) = \Phi\left(\frac{c-\mu}{\sigma}\right);$$

$$P(a < X \leqslant b) = P\left(\frac{a-\mu}{\sigma} < \frac{X-\mu}{\sigma} \leqslant \frac{b-\mu}{\sigma}\right) = \Phi\left(\frac{b-\mu}{\sigma}\right) - \Phi\left(\frac{a-\mu}{\sigma}\right).$$

例 3-8（3σ 法则） 已知随机变量 $X \sim N(\mu, \sigma^2)$，试计算 $P(|X-\mu| < \sigma)$，$P(|X-\mu| < 2\sigma)$ 和 $P(|X-\mu| < 3\sigma)$。

解 由标准化及对称性，查标准正态分布表知

$$P(|X-\mu| < \sigma) = P(-\sigma < X-\mu < \sigma) = P\left(-1 < \frac{X-\mu}{\sigma} < 1\right)$$
$$= \Phi(1) - \Phi(-1) = 2\Phi(1) - 1 = 0.6826,$$

$$P(|X-\mu| < 2\sigma) = P(-2\sigma < X-\mu < 2\sigma) = P\left(-2 < \frac{X-\mu}{\sigma} < 2\right)$$
$$= \Phi(2) - \Phi(-2) = 2\Phi(2) - 1 = 0.9544,$$

$$P(|X-\mu| < 3\sigma) = P(-3\sigma < X-\mu < 3\sigma) = P\left(-3 < \frac{X-\mu}{\sigma} < 3\right)$$
$$= \Phi(3) - \Phi(-3) = 2\Phi(3) - 1 = 0.9974.$$

上述结论告诉我们，尽管正态分布随机变量 X 的可能取值遍布整个实数轴，但其取值落在区间 $(\mu-3\sigma, \mu+3\sigma)$ 内几乎是必然的（概率达到 99.74%），这就是人们所说的"3σ 法则"。

当 $X \sim N(0,1)$ 时，如图 3-11 所示，我们称满足

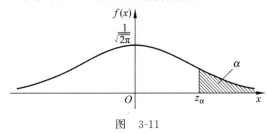

图 3-11

$$P\{X>z_\alpha\}=\alpha, \quad 0<\alpha<1$$

的点 z_α 为标准正态分布 $N(0,1)$ 的上 α 分位点.

服从正态分布的随机变量在数学、物理及工程等领域中有着诸多应用,生产与科学实验中很多随机变量的概率分布也可以近似地用正态分布来描述.

*4. 帕累托分布(Pareto distribution)

若连续型随机变量 X 具有如下密度函数(如图 3-12 所示):

$$f(x)=\begin{cases}\dfrac{\alpha x_0^\alpha}{x^{\alpha+1}}, & x>x_0,\\ 0, & x\leqslant x_0,\end{cases} \quad \alpha>0, x_0>0, \tag{3-22}$$

则称 X 服从参数为 α, x_0 的**帕累托分布**,记为 $X\sim\text{Pareto}(\alpha,x_0)$.

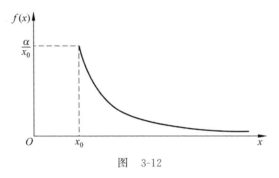

图 3-12

由式(3-15),可得帕累托分布随机变量 X 的分布函数为

$$F(x)=P(X\leqslant x)=\int_{-\infty}^x f(t)\mathrm{d}t=\begin{cases}1-\left(\dfrac{x_0}{x}\right)^\alpha, & x>x_0,\\ 0, & x\leqslant x_0.\end{cases}$$

注:帕累托分布是以意大利经济学家维弗雷多·帕累托(Vilfredo Pareto,1848—1923)的名字命名的. 他在 1882 年研究英国的财富分配情况时,发现前 20% 的人群拥有着社会上 80% 的财富,这一不平衡现象(也称二八现象)可以用一个简单的概率分布函数来描述,即帕累托分布. 在日常生活中,人们还发现诸多符合帕累托分布的现象,例如,世界上 20% 的人口消耗着世界上大约 80% 的资源,20% 的人正面思考而 80% 的人负面思考,20% 的人生活有目标而 80% 的人爱瞎想等.

*5. 伽马分布(Gamma distribution)

若连续型随机变量 X 具有如下密度函数(见图 3-13):

$$f(x) = \begin{cases} \dfrac{\lambda^\alpha}{\Gamma(\alpha)} x^{\alpha-1} e^{-\lambda x}, & x > 0 \\ 0, & 其他 \end{cases}, \qquad (3\text{-}23)$$

则称 X 服从参数为 α,λ 的**伽马分布**,记为 $X \sim \mathrm{Ga}(\alpha,\lambda)$,其中 $\alpha > 0$ 称为形状参数,$\lambda > 0$ 称为尺度参数,而 $\Gamma(\alpha) = \int_0^{+\infty} x^{\alpha-1} e^{-x} \mathrm{d}x$ 称为**伽马函数**. 利用分部积分法,可推导出

$$\Gamma(\alpha+1) = \alpha \Gamma(\alpha).$$

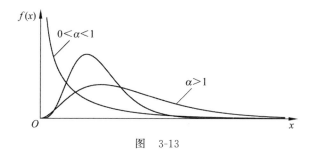

图 3-13

伽马分布有两个重要特例:当 $\alpha = 1$ 时的伽马分布就是指数分布,即
$$\mathrm{Ga}(1,\lambda) = \mathrm{Exp}(\lambda);$$
当 $\alpha = \dfrac{n}{2}, \lambda = \dfrac{1}{2}$ 时的伽马分布就是统计学中的三大统计量之一的**卡方分布 $\chi^2(n)$**,即
$$\mathrm{Ga}\left(\dfrac{n}{2}, \dfrac{1}{2}\right) = \chi^2(n).$$

3.2.2 二维随机变量的分类

定义 3-5 若二维随机变量 (X,Y) 的所有可能取到的值是有限对或可列无限多对的 (x_i, y_j),则称 (X,Y) 为**二维离散型随机变量**. 称

$$p_{ij} = P(X = x_i, Y = y_j), \quad i,j = 1,2,\cdots \qquad (3\text{-}24)$$

为二维离散型随机变量 (X,Y) 的**联合分布列**或**联合分布律**,如表 3-3 所示.

表 3-3

Y \ X	x_1	x_2	$\cdots$	x_i	$\cdots$
y_1	p_{11}	p_{21}	$\cdots$	p_{i1}	$\cdots$
y_2	p_{12}	p_{22}	$\cdots$	p_{i2}	$\cdots$

续表

X\Y	x_1	x_2	$\cdots$	x_i	$\cdots$
$\vdots$	$\vdots$	$\vdots$		$\vdots$	
y_j	p_{1j}	p_{2j}	$\cdots$	p_{ij}	$\cdots$
$\vdots$	$\vdots$	$\vdots$		$\vdots$	

显然 $p_{ij} \geqslant 0$，且

$$\sum_{i=1}^{\infty}\sum_{j=1}^{\infty} p_{ij} = 1. \qquad (3\text{-}25)$$

另外，可以得到关于边际随机变量 X 的边缘分布列(或边缘分布律)为

$$P(X=x_i) = \sum_{j=1}^{\infty} P(X=x_i, Y=y_j) = \sum_{j=1}^{\infty} p_{ij}, \quad i=1,2,\cdots. \qquad (3\text{-}26)$$

同理，可得关于边际随机变量 Y 的边缘分布列(或边缘分布律)为

$$P(Y=y_j) = \sum_{i=1}^{\infty} P(X=x_i, Y=y_j) = \sum_{i=1}^{\infty} p_{ij}, \quad j=1,2,\cdots. \qquad (3\text{-}27)$$

对任意给定的 $(x,y) \in \mathbb{R}^2$，二维离散型随机变量 (X,Y) 的联合分布函数

$$F(x,y) = \sum_{x_i \leqslant x} \sum_{y_j \leqslant y} p_{ij}.$$

例 3-9（续例 3-2） 盒子中装有 4 个黑球、2 个白球和 2 个红球，从中任取 2 个，以 X 表示取到的黑球个数，以 Y 表示取到的白球个数. 求 (X,Y) 的联合分布列.

解 依题意，(X,Y) 为二维离散型随机变量，X 的可能取值为 $0,1,2$，Y 的可能取值为 $0,1,2$，且 $0 \leqslant X+Y \leqslant 2$. 又

$$P(X=0, Y=0) = P(\text{所取两个均为红球}) = \frac{C_2^2}{C_8^2} = \frac{1}{28},$$

$$P(X=0, Y=1) = P(\text{所取两个为 1 白球 1 红球}) = \frac{C_2^1 \times C_2^1}{C_8^2} = \frac{4}{28} = \frac{1}{7},$$

$$P(X=0, Y=2) = P(\text{所取两个均为白球}) = \frac{C_2^2}{C_8^2} = \frac{1}{28},$$

$$P(X=1, Y=0) = P(\text{所取两个为 1 黑球 1 红球}) = \frac{C_4^1 \times C_2^1}{C_8^2} = \frac{8}{28} = \frac{2}{7},$$

$$P(X=1, Y=1) = P(\text{所取两个为 1 黑球 1 红球}) = \frac{C_4^1 \times C_2^1}{C_8^2} = \frac{8}{28} = \frac{2}{7},$$

$$P(X=2, Y=0) = P(\text{所取两个均为黑球}) = \frac{C_4^2}{C_8^2} = \frac{6}{28} = \frac{3}{14},$$

因此,所求联合分布列如表 3-4 所示.

表 3-4

X \ Y	0	1	2
0	$\dfrac{1}{28}$	$\dfrac{2}{7}$	$\dfrac{3}{14}$
1	$\dfrac{1}{7}$	$\dfrac{2}{7}$	0
2	$\dfrac{1}{28}$	0	0

定义 3-6 设 $F(x,y)$ 为二维随机变量 (X,Y) 的联合分布函数,若存在非负二元函数 $f(x,y)$,使得对于任意 x,y,有

$$F(x,y)=\int_{-\infty}^{y}\int_{-\infty}^{x}f(u,v)\mathrm{d}u\mathrm{d}v, \quad (3\text{-}28)$$

则称 (X,Y) 为**二维连续型随机变量**. 称非负函数 $f(x,y)$ 为二维随机变量 (X,Y) 的**概率密度函数**或随机变量 X 和 Y 的**联合概率密度函数**. 由此,求得关于边际随机变量 X 的边际分布函数为

$$\begin{aligned}F_X(x)&=P(X\leqslant x)\\&=P(X\leqslant x,Y<+\infty)=F(x,+\infty)\\&=\int_{-\infty}^{+\infty}\int_{-\infty}^{x}f(u,v)\mathrm{d}u\mathrm{d}v\\&=\int_{-\infty}^{x}\left[\int_{-\infty}^{+\infty}f(u,v)\mathrm{d}v\right]\mathrm{d}u,\end{aligned}$$

从而知 $F_X(x)$ 是一个连续型随机变量的分布函数,相应的密度函数为

$$f_X(x)=\frac{\mathrm{d}F_X(x)}{\mathrm{d}x}=\int_{-\infty}^{+\infty}f(x,v)\mathrm{d}v. \quad (3\text{-}29)$$

同理,关于边际随机变量 X 的边际分布函数为

$$F_Y(y)=P(Y\leqslant y)=\int_{-\infty}^{y}\left[\int_{-\infty}^{+\infty}f(u,v)\mathrm{d}u\right]\mathrm{d}v,$$

相应的密度函数为

$$f_Y(y)=\frac{\mathrm{d}F_Y(y)}{\mathrm{d}y}=\int_{-\infty}^{+\infty}f(u,y)\mathrm{d}u. \quad (3\text{-}30)$$

因为 $F_X(x)$、$F_Y(y)$ 分别为关于边际随机变量 X、Y 的边际分布函数,所以 $f_X(x)$、$f_Y(y)$ 也称为**边际密度函数**.

此时,对二维连续型随机变量 (X,Y),边际随机变量 X 与 Y 相互独立的充要

条件为
$$f(x,y)=f_X(x) \cdot f_Y(y). \tag{3-31}$$

二维连续型随机变量(X,Y)的联合概率密度函数具有如下性质：

(1) $f(x,y) \geqslant 0$；

(2)
$$\int_{-\infty}^{+\infty}\int_{-\infty}^{+\infty} f(x,y)\mathrm{d}x\mathrm{d}y=1; \tag{3-32}$$

(3) 设 G 是 xOy 平面上的区域，点(X,Y)落在区域 G 内的概率为
$$P\{(X,Y)\in G\}=\iint_G f(x,y)\mathrm{d}x\mathrm{d}y; \tag{3-33}$$

(4) 若 $f(x,y)$ 在点 (x,y) 连续，则有
$$\frac{\partial^2 F(x,y)}{\partial x \partial y}=f(x,y).$$

例 3-10 设二维连续型随机变量(X,Y)的联合密度函数为
$$f(x,y)=\begin{cases} k(4-x-y), & 0<x<2, 0<y<2, \\ 0, & 其他, \end{cases}$$

分别求：(1)常数 k 的值；(2)概率 $P(Y-X<1)$；(3)边际密度函数 $f_X(x)$.

解 (1) 由式(3-32)，$\int_{-\infty}^{+\infty}\int_{-\infty}^{+\infty} f(x,y)\mathrm{d}x\mathrm{d}y=1$，得 $\int_0^2\int_0^2 k(4-x-y)\mathrm{d}x\mathrm{d}y=1$，即
$$\int_0^2 \mathrm{d}x\int_0^2 k(4-x-y)\mathrm{d}y=k\int_0^2 (6-2x)\mathrm{d}x=8k=1,$$
因此，$k=\dfrac{1}{8}$；

(2) 由式(3-33)得
$$P(Y-X<1)=\iint_{y-x<1} f(x,y)\mathrm{d}x\mathrm{d}y=1-\int_1^2 \mathrm{d}y\int_0^{y-1}\frac{1}{8}(4-x-y)\mathrm{d}x=\frac{7}{8};$$

(3) 由式(3-29)得
$$f_X(x)=\int_{-\infty}^{+\infty} f(x,v)\mathrm{d}v=\begin{cases} \int_0^2 \dfrac{1}{8}(4-x-v)\mathrm{d}v, & 0<x<2 \\ 0, & 其他 \end{cases}$$
$$=\begin{cases} \dfrac{3-x}{4}, & 0<x<2, \\ 0, & 其他. \end{cases}$$

下面介绍几种常见的二维连续型随机变量．

1. 二维均匀分布

设 G 为平面上一个有界闭区域,其面积为 S_G,若二维随机变量 (X,Y) 具有如下联合密度函数:

$$f(x,y) = \begin{cases} \dfrac{1}{S_G}, & (x,y) \in G, \\ 0, & \text{其他}, \end{cases} \tag{3-34}$$

则称 (X,Y) 为区域 G 上的**二维均匀分布**. 此时,对 G 中任一(有面积的)子区域 D,有

$$P\{(X,Y) \in D\} = \iint_D f(x,y) \mathrm{d}x \mathrm{d}y = \frac{S_D}{S_G},$$

此为第 2 章中的几何概型的特例.

2. 二维正态分布

若二维连续型随机变量 (X,Y) 具有如下联合密度函数:

$$f(x,y) = \frac{1}{2\pi\sigma_1\sigma_2\sqrt{1-\rho^2}} e^{-\frac{1}{2(1-\rho^2)}\left[\frac{(x-\mu_1)^2}{\sigma_1^2} - 2\rho\frac{(x-\mu_1)(y-\mu_2)}{\sigma_1\sigma_2} + \frac{(y-\mu_2)^2}{\sigma_2^2}\right]}, \tag{3-35}$$

其中,常数 $-\infty < \mu_1 < +\infty, -\infty < \mu_2 < +\infty, \sigma_1 > 0, \sigma_2 > 0, |\rho| < 1$,则称 (X,Y) 服从参数为 $\mu_1, \mu_2, \sigma_1^2, \sigma_2^2, \rho$ 的**二维正态分布**,记为 $(X,Y) \sim N(\mu_1, \mu_2, \sigma_1^2, \sigma_2^2, \rho)$. 由 (X,Y) 的联合密度函数,可以分别求得其关于边际随机变量 X 和 Y 的边际密度函数为

$$f_X(x) = \frac{1}{\sqrt{2\pi}\sigma_1} e^{-\frac{(x-\mu_1)^2}{2\sigma_1^2}}, \quad -\infty < x < +\infty,$$

$$f_Y(y) = \frac{1}{\sqrt{2\pi}\sigma_2} e^{-\frac{(y-\mu_2)^2}{2\sigma_2^2}}, \quad -\infty < x < +\infty,$$

即构成二维正态分布 (X,Y) 的两个边际随机变量 $X \sim N(\mu_1, \sigma_1^2), Y \sim N(\mu_2, \sigma_2^2)$. 而联合密度函数中的第 5 个参数 ρ,刻画了两个边际随机变量间的线性相关程度(见第 4 章).

3.3 随机变量的函数的分布

上节介绍了常见的一维及二维随机变量,本节将重点介绍随机变量的函数的分布.

3.3.1 一维随机变量的函数的分布

已知一维随机变量 X 的分布律(当 X 为离散型随机变量时)或密度函数(当 X 为连续型随机变量时),又随机变量 $Y=g(X)$,即新随机变量 Y 是原随机变量 X 的函数,其中,函数 g 已知. 求新随机变量 Y 的分布函数.(当 Y 为离散型随机变量时,求其分布律;当 Y 为连续型随机变量时,求其密度函数.)

显然,新随机变量 Y 作为原随机变量 X 的函数,无论 Y 是离散型随机变量还是连续型随机变量,其取值都要根据 X 的取值情况来定,且取相应值的概率也要由对应 X 取相应值的概率来确定. 下面分别对 X 为一维离散型随机变量、一维连续型随机变量的情况展开分析.

1. 一维离散型随机变量的函数的分布

已知一维离散型随机变量 X 的分布律
$$P(X=x_k)=p_k, \quad k=1,2,\cdots.$$
又随机变量 $Y=g(X)$,求 Y 的分布律.

显然,此时 Y 为离散型随机变量. 当 X 取值 x_k,Y 对应取值为 $g(x_k)$,$k=1,2,\cdots$,且事件"$X=x_k$"发生的概率与事件"$Y=g(x_k)$"发生的概率对应. 当然,由于函数 g 不一定是一一映射,可能会发生 $x_i \neq x_j$ 而 $g(x_i)=g(x_j)$ 的情形,这时,必须把使得 Y 取同一值处的所有 X 取值点处的概率进行合并.

例 3-11 箱子中装有同类型的 3 个红球、2 个黑球,从中任取 2 个,X 表示取到的红球数,求 $Y=(X-1)^2$ 的分布列.

解 由前述例 3-4 知,X 的可能取值为 $0,1,2$,Y 的可能取值为 $0,1$,又
$$P(X=0)=\frac{1}{10}, \quad P(X=1)=\frac{6}{10}, \quad P(X=2)=\frac{3}{10},$$
因此
$$P(Y=0)=P(X=1)=\frac{6}{10}=\frac{3}{5},$$
$$P(Y=1)=P(X=0)+P(X=2)=\frac{1}{10}+\frac{3}{10}=\frac{2}{5}.$$
所以,随机变量 $Y=(X-1)^2$ 的分布列如表 3-5 所示.

表 3-5

Y	0	1
p	$\frac{3}{5}$	$\frac{2}{3}$

2. 一维连续型随机变量的函数的分布

已知连续型随机变量 X 的密度函数 $f_X(x)$. 又随机变量 $Y=g(X)$, 求 Y 的分布函数. 由分布函数的定义, 对任意 $y\in\mathbb{R}$, 有

$$F_Y(y)=P(Y\leqslant y)=P(g(X)\leqslant y)=\int_{g(x)\leqslant y}f_X(x)\mathrm{d}x. \quad (3\text{-}36)$$

问题转化为计算定积分. 根据 X 的密度函数 $f_X(x)$ 的具体形式、函数 $g(x)$ 的具体形式, 利用式(3-36)计算往往要分区间讨论. (利用定积分关于区间可加性)

若进一步地, 当 Y 为连续型随机变量时, 由式(3-36)求出其分布函数后, 对分布函数关于 y 求导数, 即得随机变量 Y 的密度函数 $f_Y(y)$.

下面, 我们不加证明地介绍一个定理, 它告诉我们, 在满足一定条件下, 一维连续型随机变量的函数也是连续型随机变量, 并给出求新随机变量的密度函数的公式.

定理 3-2 设 $f_X(x)$ 为连续型随机变量 X 的密度函数, 又函数 $y=g(x)$ 严格单调, 其反函数 $h(y)$ 有连续导数, 则新随机变量 $Y=g(X)$ 也是一个连续型随机变量, 且其密度函数为

$$\phi(y)=\begin{cases} f_X[h(y)]\cdot|h'(y)|, & \alpha<y<\beta, \\ 0, & \text{其他}. \end{cases} \quad (3\text{-}37)$$

式中, $\alpha=\min\{g(-\infty),g(+\infty)\}$, $\beta=\max\{g(-\infty),g(+\infty)\}$.

注: 上述定理的应用是有条件的, 特别是对函数 g 有严格限制(g 严格单调, 其反函数具有连续导数). 运用此定理时, 应检验定理条件是否满足; 若定理条件不满足, 应运用式(3-36)先计算出其分布函数后再求导数.

例 3-12 已知连续型随机变量 $X\sim U(-1,1)$, 求随机变量 $Y=X^2$ 的密度函数.

解 由 $X\sim U(-1,1)$, 知其密度函数

$$f_X(x)=\begin{cases} \dfrac{1}{2}, & -1<x<1, \\ 0, & \text{其他}. \end{cases}$$

下面先求随机变量 Y 的分布函数. 由分布函数的定义, 依公式(3-36), 对任意 $y\in\mathbb{R}$, 有

$$F_Y(y)=P(Y\leqslant y)=P(X^2\leqslant y)=\int_{x^2\leqslant y}f_X(x)\mathrm{d}x.$$

对上式分情况讨论: 当 $y\leqslant 0$ 时,

$$F_Y(y)=P(Y\leqslant y)=P(X^2\leqslant y)=0;$$

3.3 随机变量的函数的分布

当 $0 < y < 1$ 时，
$$F_Y(y) = P(Y \leqslant y) = P(X^2 \leqslant y) = P(-\sqrt{y} \leqslant X \leqslant \sqrt{y}) = \int_{-\sqrt{y}}^{\sqrt{y}} \frac{1}{2} \mathrm{d}x = \sqrt{y};$$

当 $y \geqslant 1$ 时，由定积分关于区间可加性得
$$F_Y(y) = P(Y \leqslant y) = P(X^2 \leqslant y) = P(-\sqrt{y} \leqslant X \leqslant \sqrt{y})$$
$$= \int_{-\sqrt{y}}^{-1} 0 \mathrm{d}x + \int_{-1}^{1} \frac{1}{2} \mathrm{d}x + \int_{1}^{\sqrt{y}} 0 \mathrm{d}x = 1.$$

因此，随机变量 $Y = X^2$ 的密度函数
$$f_Y(y) = \frac{\mathrm{d}F_Y(y)}{\mathrm{d}y} = \begin{cases} \dfrac{1}{2\sqrt{y}}, & 0 < y < 1, \\ 0, & \text{其他}. \end{cases}$$

例 3-13 已知连续型随机变量 $X \sim \mathrm{Exp}(1)$，求随机变量 $Y = X^3$ 的密度函数.

解 由 $X \sim \mathrm{Exp}(1)$，知其密度函数
$$f_X(x) = \begin{cases} \mathrm{e}^{-x}, & x > 0, \\ 0, & \text{其他}. \end{cases}$$

又函数 $y = x^3$ 严格单调递增，当 $y > 0$ 时，其反函数 $h(y) = y^{\frac{1}{3}}$ 有连续导数且 $h'(y) = \dfrac{1}{3} y^{-\frac{2}{3}}$，满足定理条件，故由式(3-37)得随机变量 $Y = X^3$ 的密度函数为

$$f_Y(y) = \begin{cases} f_X[h(y)] \cdot |h'(y)|, & y > 0 \\ 0, & \text{其他} \end{cases} = \begin{cases} \dfrac{1}{3} y^{-\frac{2}{3}} \mathrm{e}^{y^{\frac{1}{3}}}, & y > 0, \\ 0, & \text{其他}. \end{cases}$$

例 3-14 证明：若随机变量 X 的分布函数 $F_X(x)$ 严格单调递增且连续，则随机变量 $F_X(X)$ 在区间 $(0,1)$ 上均匀分布，即 $F_X(X) \sim U(0,1)$.

证 由分布函数的性质知 $0 \leqslant F_X(X) \leqslant 1$.

由于 $y = F_X(x)$ 严格单调递增且连续，故其反函数 $F_X^{-1}(y)$ 也严格单调递增且连续. 对随机变量 $Y = F_X(X)$，下面按定义求其分布函数：对任意 $y \in \mathbb{R}$，有
$$F_Y(y) = P(Y \leqslant y) = P(F_X(X) \leqslant y).$$

对上式分情况讨论：当 $y \leqslant 0$ 时，
$$F_Y(y) = P(Y \leqslant y) = P(F_X(X) \leqslant y) = 0;$$

当 $0 < y < 1$ 时，
$$F_Y(y) = P(Y \leqslant y) = P(F_X(X) \leqslant y) = P(X \leqslant F_X^{-1}(y)) = F[F_X^{-1}(y)] = y;$$

当 $y \geqslant 1$ 时，

$$F_Y(y) = P(Y \leqslant y) = P(F_X(X) \leqslant y) = 1.$$

因此,随机变量 $Y = F_X(X)$ 的密度函数

$$f_Y(y) = \frac{dF_Y(y)}{dy} = \begin{cases} 1, & 0 < y < 1, \\ 0, & \text{其他}. \end{cases}$$

此即 $F_X(X) \sim U(0,1)$.

此结论说明均匀分布具有重要作用,很多连续型随机变量都可以通过其分布函数与均匀分布联系起来;进一步地,可以通过先产生服从均匀分布的随机数来生成服从其他分布的随机数,这也是通常计算机由均匀分布随机数产生其他分布随机数的基础.

3.3.2 二维随机变量的函数的分布

前面我们介绍了一维随机变量的函数的分布,下面研究二维随机变量 (X,Y) 的函数的分布.

已知二维随机变量 (X,Y) 的联合分布列(离散型)或联合密度函数(连续型),又随机变量 $Z = g(X,Y)$,即新随机变量 Z 是二维随机变量 (X,Y) 的函数,其中,二元函数 g 已知,求新随机变量 Z 的分布函数.(当 Z 为离散型时,求分布列;当 Z 为连续型时,求其密度函数.)

显然,新随机变量 Z 作为二维随机变量 (X,Y) 的函数,无论是离散型随机变量还是连续型随机变量,其取值都要根据 (X,Y) 的取值再通过作用函数 g 后来确定,且取相应值的概率也要由对应的 (X,Y) 取相应值的概率来确定.

1. 二维离散型随机变量的函数的分布

当二维随机变量 (X,Y) 为离散型时,新随机变量 $Z = g(X,Y)$ 也是离散型,其分布律的求解依赖于 (X,Y) 的联合分布列及二元函数 g. 下面举例分析.

例 3-15(续例 3-2) 盒子中装有 4 个黑球、2 个白球和 2 个红球,从中任取 2 个,以 X 表示取到的黑球个数,以 Y 表示取到的白球个数. 试分别求随机变量

(1) $Z_1 = X + Y$;

(2) $Z_2 = X - Y$;

(3) $Z_3 = X \cdot Y$;

(4) $Z_4 = \max\{X, Y\}$

的分布列.

解 依题意,(X,Y) 为二维离散型随机变量,X 的可能取值为 $0, 1, 2$,Y 的可能取值为 $0, 1, 2$,其联合分布列如表 3-6 所示.

3.3 随机变量的函数的分布

表 3-6

Y \ X	0	1	2
0	$\frac{1}{28}$	$\frac{2}{7}$	$\frac{3}{14}$
1	$\frac{1}{7}$	$\frac{2}{7}$	0
2	$\frac{1}{28}$	0	0

(1) 由 $Z_1 = X+Y$，知 Z_1 的可能取值为 $0,1,2$，且

$$P(Z_1=0)=P(X=0,Y=0)+P(X=1,Y=1)=\frac{1}{28}+\frac{8}{28}=\frac{9}{28},$$

$$P(Z_1=1)=P(X=0,Y=1)+P(X=1,Y=0)=\frac{4}{28}+\frac{8}{28}=\frac{12}{28}=\frac{3}{7},$$

$$P(Z_1=2)=P(X=0,Y=2)+P(X=2,Y=0)=\frac{1}{28}+\frac{6}{28}=\frac{7}{28}=\frac{1}{4},$$

因此，$Z_1=X+Y$ 的分布列如表 3-7 所示.

表 3-7

$Z_1=X+Y$	0	1	2
p	$\frac{9}{28}$	$\frac{3}{7}$	$\frac{1}{4}$

(2) 由 $Z_2 = X-Y$，知 Z_2 的可能取值为 $-2,-1,0,1,2$，且

$$P(Z_2=-2)=P(X=0,Y=2)=\frac{1}{28},$$

$$P(Z_2=-1)=P(X=0,Y=1)=\frac{4}{28}=\frac{1}{7},$$

$$P(Z_2=0)=P(X=0,Y=0)+P(X=1,Y=1)=\frac{1}{28}+\frac{8}{28}=\frac{9}{28},$$

$$P(Z_2=1)=P(X=1,Y=0)=\frac{8}{28}=\frac{2}{7},$$

$$P(Z_1=2)=P(X=2,Y=0)=\frac{6}{28}=\frac{3}{14},$$

因此，$Z_2=X-Y$ 的分布列如表 3-8 所示.

表 3-8

$Z_2 = X - Y$	-2	-1	0	1	2
p	$\dfrac{1}{28}$	$\dfrac{1}{7}$	$\dfrac{9}{28}$	$\dfrac{2}{7}$	$\dfrac{3}{14}$

(3) 由 $Z_3 = X \cdot Y$,知 Z_3 的可能取值为 $0, 1$,且

$$P(Z_3 = 0) = P(X=0, Y=0) + P(X=0, Y=1) + P(X=0, Y=2) +$$
$$P(X=1, Y=0) + P(X=0, Y=2) = \frac{20}{28} = \frac{5}{7},$$

$$P(Z_3 = 1) = P(X=1, Y=1) = \frac{8}{28} = \frac{2}{7},$$

因此,$Z_3 = X \cdot Y$ 的分布列如表 3-9 所示.

表 3-9

$Z_3 = X \cdot Y$	0	1
p	$\dfrac{5}{7}$	$\dfrac{2}{7}$

(4) 由 $Z_4 = \max\{X, Y\}$,知 Z_4 的可能取值为 $0, 1, 2$,且

$$P(Z_4 = 0) = P(X=0, Y=0) = \frac{1}{28},$$
$$P(Z_4 = 1) = P(X=0, Y=1) + P(X=1, Y=0) + P(X=1, Y=1)$$
$$= \frac{4}{28} + \frac{8}{28} + \frac{8}{28} = \frac{20}{28} = \frac{5}{7},$$
$$P(Z_4 = 2) = P(X=0, Y=2) + P(X=2, Y=0) = \frac{1}{28} + \frac{6}{28} = \frac{7}{28} = \frac{1}{4}.$$

因此,$Z_4 = \max\{X, Y\}$ 的分布列如表 3-10 所示.

表 3-10

$Z_4 = \max\{X, Y\}$	0	1	2
p	$\dfrac{1}{28}$	$\dfrac{5}{7}$	$\dfrac{1}{4}$

例 3-16(独立二项分布的可加性) 设随机变量 $X \sim b(n, p), Y \sim b(m, p)$ 且它们相互独立,则 $X + Y \sim b(n+m, p)$.

解 依题意,可得
$$P(X=k)=C_n^k p^k (1-p)^{n-k}, \quad k=0,1,\cdots,n,$$
$$P(Y=k)=C_m^k p^k (1-p)^{m-k}, \quad k=0,1,\cdots,m,$$
故 $Z=X+Y$ 的所有可能取值为 $0,1,\cdots,n+m$.

由独立性及二项分布的定义,$\forall\, 0\leqslant k\leqslant n+m$,有
$$P(Z=k)=P(X+Y=k)=\sum_{i=0}^{k} P(X=i,Y=k-i)$$
$$=\sum_{i=0}^{k} P(X=i)P(Y=k-i)$$
$$=\sum_{i=0}^{k}\left[C_n^i p^i (1-p)^{n-i} \cdot C_m^{k-i} p^{k-i} (1-p)^{m-k+i}\right]$$
$$=p^k (1-p)^{n+m-k} \sum_{i=0}^{k}\left[C_n^i \cdot C_m^{k-i}\right]$$
$$=C_{n+m}^k p^k (1-p)^{n+m-k}.$$
此即 $Z=X+Y\sim b(n+m,p)$.

注:上述计算中,只对满足 $0\leqslant i\leqslant n$,$0\leqslant k-i\leqslant m$ 的 i 进行求和. 另外,需要记住例题的结论,对具体的解题过程可不作要求.

例 3-17(独立泊松分布的可加性) 设随机变量 $X\sim\pi(\lambda_1),Y\sim\pi(\lambda_2)$ 且它们相互独立,则 $X+Y\sim\pi(\lambda_1+\lambda_2)$.

解 依题意,可得
$$P(X=k)=e^{-\lambda_1}\frac{\lambda_1^k}{k!},\ P(Y=k)=e^{-\lambda_2}\frac{\lambda_2^k}{k!},\ k=0,1,2,\cdots,常数\ \lambda_1>0,\lambda_2>0.$$
由独立性,$\forall\, k\geqslant 0$,有
$$P(Z=k)=P(X+Y=k)=\sum_{i=0}^{k} P(X=i,Y=k-i)$$
$$=\sum_{i=0}^{k} P(X=i)P(Y=k-i)=\sum_{i=0}^{k}\left[e^{-\lambda_1}\frac{\lambda_1^i}{i!} \cdot e^{-\lambda_2}\frac{\lambda_2^{k-i}}{(k-i)!}\right]$$
$$=e^{-(\lambda_1+\lambda_2)} \sum_{i=0}^{k}\left[\frac{\lambda_1^i}{i!} \cdot \frac{\lambda_2^{k-i}}{(k-i)!}\right]$$
$$=e^{-(\lambda_1+\lambda_2)} \frac{(\lambda_1+\lambda_2)^k}{k!} \sum_{i=0}^{k}\left[\frac{k!}{i!\,(k-i)!} \cdot \frac{\lambda_1^i}{(\lambda_1+\lambda_2)^i}\frac{\lambda_2^{k-i}}{(\lambda_1+\lambda_2)^{k-i}}\right]$$
$$=e^{-(\lambda_1+\lambda_2)} \frac{(\lambda_1+\lambda_2)^k}{k!} \sum_{i=0}^{k}\left[C_k^i \cdot \left(\frac{\lambda_1}{\lambda_1+\lambda_2}\right)^i \left(\frac{\lambda_2}{\lambda_1+\lambda_2}\right)^{k-i}\right]$$

$$= e^{-(\lambda_1+\lambda_2)} \frac{(\lambda_1+\lambda_2)^k}{k!} \left(\frac{\lambda_1}{\lambda_1+\lambda_2} + \frac{\lambda_2}{\lambda_1+\lambda_2}\right)^k$$

$$= e^{-(\lambda_1+\lambda_2)} \frac{(\lambda_1+\lambda_2)^k}{k!}.$$

此即 $Z = X + Y \sim \pi(\lambda_1 + \lambda_2)$.

2. 二维连续型随机变量的函数的分布*

当(X,Y)为二维连续型随机变量,且其联合密度函数 $f(x,y)$ 已知时,一般地,新随机变量 $Z = g(X,Y)$ 的分布函数可通过计算如下二重积分求解: $\forall z \in \mathbb{R}$,

$$F_Z(z) = P(Z \leqslant z) = P(g(X,Y) \leqslant z) = \iint\limits_{g(x,y)\leqslant z} f(x,y)\mathrm{d}x\mathrm{d}y. \quad (3\text{-}38)$$

此即求连续型二维随机变量函数的分布的定义法.

例 3-18 已知二维连续型随机变量(X,Y)的联合密度函数

$$f(x,y) = \begin{cases} 1, & 0<x<1, 0<y<1, \\ 0, & 其他, \end{cases}$$

求 $Z = X + Y$ 的分布函数.

解 此为二维均匀分布,此时平面区域为 $G = \{(x,y) \mid 0<x<1, 0<y<1\}$,其面积 $S_G = 1$.

如图 3-14 所示,联合密度在图中阴影部分取值为 1,其他地方取值均为零.

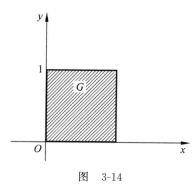

图 3-14

$\forall z \in \mathbb{R}$,

$$F_Z(z) = P(Z \leqslant z) = P(X+Y \leqslant z) = \iint\limits_{x+y \leqslant z} f(x,y)\mathrm{d}x\mathrm{d}y.$$

当 $z \leqslant 0$ 时,如图 3-15 所示,联合密度 $f(x,y) = 0$,因此

3.3 随机变量的函数的分布

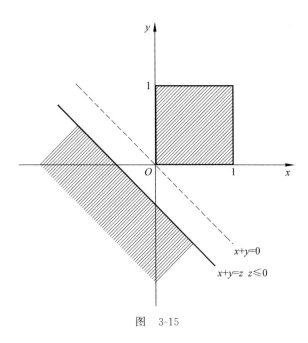

图 3-15

$$\iint_{x+y \leqslant z} f(x,y) \mathrm{d}x \mathrm{d}y = 0;$$

当 $0 < z \leqslant 1$ 时,如图 3-16 所示,联合密度 $f(x,y)$ 在区域
$$D_1 = \{(x,y) \mid 0 < x < z, 0 < y < z, x+y \leqslant z\}$$

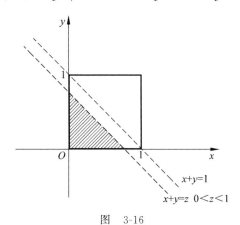

图 3-16

内取值为 1,其他地方取值为零,此时 $S_{D_1} = \dfrac{z^2}{2}$,因此

$$\iint_{x+y\leqslant z} f(x,y)\mathrm{d}x\mathrm{d}y = \frac{S_{D_1}}{S_G} = \frac{z^2}{2};$$

当 $1<z<2$ 时,如图 3-17 所示,联合密度 $f(x,y)$ 在区域
$$D_2 = \{(x,y)|0<x<z,0<y<1\} \cup \{(x,y)|z\leqslant x<1,0<y\leqslant z-x\}$$
内取值为 1,其他地方取值为零,此时 $S_{D_2} = 1 - \dfrac{(2-z)^2}{2}$,因此,

$$\iint_{x+y\leqslant z} f(x,y)\mathrm{d}x\mathrm{d}y = \frac{S_{D_2}}{S_G} = 1 - \frac{(2-z)^2}{2}.$$

而当 $z\geqslant 2$ 时,$\iint_{x+y\leqslant z} f(x,y)\mathrm{d}x\mathrm{d}y = 1.$

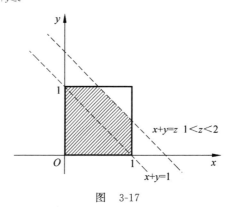

图 3-17

例 3-19 在可靠性研究中,元件的使用寿命一般服从指数分布. 设系统 L 由独立工作的元件 L_1, L_2 连接而成,其寿命分别为随机变量 X, Y. 设 X, Y 的密度函数分别为

$$f_X(x) = \begin{cases} \lambda_1 \mathrm{e}^{-\lambda_1 x}, & x>0, \\ 0, & \text{其他}, \end{cases} \quad f_Y(y) = \begin{cases} \lambda_2 \mathrm{e}^{-\lambda_2 y}, & y>0, \\ 0, & \text{其他}, \end{cases}$$

其中,$\lambda_1 > 0, \lambda_2 > 0$. 在

(1) L_1, L_2 为串联状态下(见图 3-18);

图 3-18

(2) L_1, L_2 为并联状态下(见图 3-19);

(3) L_1, L_2 为备用状态下(见图 3-20,如一个坏了,另一个马上替换上),分别求出系统 L 的使用寿命 Z 的密度函数.

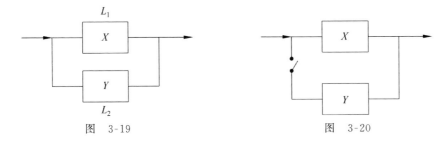

图 3-19   图 3-20

解 由已知,随机变量 X, Y 分别服从参数为 λ_1, λ_2 的指数分布,其分布函数为

$$F_X(x) = P\{X \leqslant x\} = \begin{cases} 1 - e^{-\lambda_1 x}, & x > 0, \\ 0, & \text{其他}. \end{cases}$$

$$F_Y(y) = P\{Y \leqslant y\} = \begin{cases} 1 - e^{-\lambda_2 y}, & y > 0, \\ 0, & \text{其他}. \end{cases}$$

(1) L_1, L_2 为串联状态下,依题意,L 的使用寿命 $Z = \min(X, Y)$,$\forall z \in \mathbb{R}$,其分布函数为

$$\begin{aligned}
F_Z(z) &= P\{Z \leqslant z\} = P\{\min(X, Y) \leqslant z\} \\
&= 1 - P\{\min(X, Y) > z\} \\
&= 1 - P\{X > z, Y > z\} \\
&= 1 - P\{X > z\}P\{Y > z\} \quad (\text{由 } X, Y \text{ 独立}) \\
&= 1 - [1 - P\{X \leqslant z\}][1 - P\{Y \leqslant z\}] \\
&= 1 - [1 - F_X(z)][1 - F_Y(z)] \\
&= \begin{cases} 1 - e^{-(\lambda_1 + \lambda_2)z}, & z > 0, \\ 0, & \text{其他}, \end{cases}
\end{aligned}$$

因此,密度函数

$$f_Z(z) = [F_Z(z)]' = \begin{cases} (\lambda_1 + \lambda_2)e^{-(\lambda_1 + \lambda_2)z}, & z > 0, \\ 0, & \text{其他}. \end{cases}$$

(2) L_1, L_2 为并联状态下,依题意,L 的使用寿命 $Z = \max(X, Y)$,$\forall z \in \mathbb{R}$,其分布函数为

$$F_Z(z) = P\{Z \leqslant z\} = P\{\max(X, Y) \leqslant z\}$$

$$\begin{aligned}&=P\{X\leqslant z,Y\leqslant z\}\\&=P\{X\leqslant z\}P\{Y\leqslant z\}\quad(\text{由 }X,Y\text{ 独立})\\&=F_X(z)F_Y(z)\\&=\begin{cases}(1-\mathrm{e}^{-\lambda_1 z})(1-\mathrm{e}^{-\lambda_2 z}),&z>0,\\0,&\text{其他},\end{cases}\end{aligned}$$

因此,密度函数

$$f_Z(z)=[F_Z(z)]'=\begin{cases}\lambda_1\mathrm{e}^{-\lambda_1 z}+\lambda_2\mathrm{e}^{-\lambda_2 z}-(\lambda_1+\lambda_2)\mathrm{e}^{-(\lambda_1+\lambda_2)z},&z>0,\\0,&\text{其他}.\end{cases}$$

(3) L_1,L_2 为备用状态下,依题意,L 的使用寿命 $Z=X+Y$,由已知,随机变量 X,Y 独立,其联合密度函数为

$$f(x,y)=f_X(x)\cdot f_Y(y)=\begin{cases}\lambda_1\lambda_2\mathrm{e}^{-\lambda_1 x-\lambda_2 y},&x>0,y>0,\\0,&\text{其他}.\end{cases}$$

当 $\lambda_1\neq\lambda_2$ 时,$\forall z\in\mathbb{R}$,其分布函数为

$$\begin{aligned}F_Z(z)&=P\{Z\leqslant z\}=P\{X+Y\leqslant z\}\\&=\iint\limits_{x+y\leqslant z}f(x,y)\mathrm{d}x\mathrm{d}y\\&=\begin{cases}0,&z\leqslant 0\\\int_0^z\mathrm{d}x\int_0^{z-x}\lambda_1\lambda_2\mathrm{e}^{-\lambda_1 x-\lambda_2 y}\mathrm{d}y,&z>0\end{cases}\\&=\begin{cases}0,&z\leqslant 0\\\int_0^z\lambda_1\mathrm{e}^{-\lambda_1 x}\mathrm{d}x\int_0^{z-x}\lambda_2\mathrm{e}^{-\lambda_2 y}\mathrm{d}y,&z>0\end{cases}\\&=\begin{cases}0,&z\leqslant 0\\\int_0^z\lambda_1\mathrm{e}^{-\lambda_1 x}[-\mathrm{e}^{-\lambda_2 y}]_0^{z-x}\mathrm{d}x,&z>0\end{cases}\\&=\begin{cases}0,&z\leqslant 0\\\int_0^z\lambda_1\mathrm{e}^{-\lambda_1 x}[1-\mathrm{e}^{-\lambda_2(z-x)}]\mathrm{d}x,&z>0\end{cases}\\&=\begin{cases}0,&z\leqslant 0\\\int_0^z[\lambda_1\mathrm{e}^{-\lambda_1 x}-\lambda_1\mathrm{e}^{-\lambda_2 z}\mathrm{e}^{-(\lambda_1-\lambda_2)x}]\mathrm{d}x,&z>0\end{cases}\\&=\begin{cases}0,&z\leqslant 0\\[-\mathrm{e}^{-\lambda_1 x}]_0^z-\lambda_1\mathrm{e}^{-\lambda_2 z}\left(-\dfrac{1}{\lambda_1-\lambda_2}\right)[\mathrm{e}^{-(\lambda_1-\lambda_2)x}]_0^z,&z>0\end{cases}\end{aligned}$$

$$=\begin{cases}0, & z\leqslant 0,\\ 1-e^{-\lambda_1 z}-\dfrac{\lambda_1}{\lambda_1-\lambda_2}(e^{-\lambda_2 z}-e^{-\lambda_1 z}), & z>0.\end{cases}$$

因此,当 $\lambda_1\neq\lambda_2$ 时,系统 L 的使用寿命 $Z=X+Y$ 的密度函数为

$$f_Z(z)=[F_Z(z)]'=\begin{cases}0, & z\leqslant 0,\\ \dfrac{\lambda_1\lambda_2}{\lambda_2-\lambda_1}(e^{-\lambda_2 z}-e^{-\lambda_1 z}), & z>0.\end{cases}$$

而当 $\lambda_1=\lambda_2$ 时,$\forall z\in\mathbb{R}$,

$$F_Z(z)=P\{Z\leqslant z\}=P\{X+Y\leqslant z\}=\iint\limits_{x+y\leqslant z}f(x,y)\mathrm{d}x\mathrm{d}y$$

$$=\begin{cases}0, & z\leqslant 0\\ \int_0^z \mathrm{d}x\int_0^{z-x}\lambda_1^2 e^{-\lambda_1 x-\lambda_1 y}\mathrm{d}y, & z>0\end{cases}=\begin{cases}0, & z\leqslant 0\\ \int_0^z \lambda_1 e^{-\lambda_1 x}\mathrm{d}x\int_0^{z-x}\lambda_1 e^{-\lambda_1 y}\mathrm{d}y, & z>0\end{cases}$$

$$=\begin{cases}0, & z\leqslant 0\\ \int_0^z \lambda_1 e^{-\lambda_1 x}[-e^{-\lambda_1 y}]_0^{z-x}\mathrm{d}x, & z>0\end{cases}$$

$$=\begin{cases}0, & z\leqslant 0\\ \int_0^z \lambda_1 e^{-\lambda_1 x}[1-e^{-\lambda_1(z-x)}]\mathrm{d}x, & z>0\end{cases}$$

$$=\begin{cases}0, & z\leqslant 0\\ \int_0^z (\lambda_1 e^{-\lambda_1 x}-\lambda_1 e^{-\lambda_1 z})\mathrm{d}x, & z>0\end{cases}$$

$$=\begin{cases}0, & z\leqslant 0\\ [-e^{-\lambda_1 x}]_0^z-\lambda_1 z e^{-\lambda_1 z}, & z>0\end{cases}$$

$$=\begin{cases}0, & z\leqslant 0,\\ 1-e^{-\lambda_1 z}-\lambda_1 z e^{-\lambda_1 z}, & z>0.\end{cases}$$

因此,当 $\lambda_1\neq\lambda_2$ 时,系统 L 的使用寿命 $Z=X+Y$ 的密度函数为

$$f_Z(z)=[F_Z(z)]'=\begin{cases}0, & z\leqslant 0,\\ \lambda_1^2 z e^{-\lambda_1 z}, & z>0.\end{cases}$$

3.4 条件分布

考虑到两个边际随机变量间的关联,本节我们进一步讨论二维随机变量的条件分布.

3.4.1 二维离散型随机变量的条件分布

设(X,Y)为二维离散型随机变量,其分布律为

$$P(X=x_i, Y=y_j) = p_{ij}, \quad i,j=1,2,\cdots,$$

则(X,Y)关于X和Y的边缘分布律分别为

$$P(X=x_i) = \sum_{j=1}^{\infty} p_{ij} = p_{i\cdot}, \quad i=1,2,\cdots,$$

$$P(Y=y_j) = \sum_{i=1}^{\infty} p_{ij} = p_{\cdot j}, \quad j=1,2,\cdots.$$

定义 3-7 对固定的j,若$P(Y=y_j)>0$,则称

$$P(X=x_i | Y=y_j) = \frac{P(X=x_i, Y=y_j)}{P(Y=y_j)} = \frac{p_{ij}}{p_{\cdot j}}, \quad i=1,2,\cdots \quad (3\text{-}39)$$

为在$Y=y_j$条件下随机变量X的**条件分布律**.

注意:式(3-39)中的y_j为固定的,$i=1,2,\cdots$是变动的,这是一个新的离散随机变量的分布律.

同理,当$P(X=x_i)>0$时,称

$$P(Y=y_j | X=x_i) = \frac{P(X=x_i, Y=y_j)}{P(X=x_i)} = \frac{p_{ij}}{p_{i\cdot}}, \quad j=1,2,\cdots \quad (3\text{-}40)$$

为在$X=x_i$条件下随机变量Y的**条件分布律**.

例 3-20(续例 3-9) 盒子中装有4个黑球、2个白球和2个红球,从中任取2个,以X表示取到的黑球个数,以Y表示取到的白球个数.试分别求:

(1) $P(Y=1|X=0)$;(2) $P(X=1|Y=0)$.

解 依题意,(X,Y)为二维离散型随机变量,X的可能取值为$0,1,2$,Y的可能取值为$0,1,2$,由表3-4知

$$P(X=0)=\frac{3}{14}, \quad P(Y=0)=\frac{15}{28}, \quad P(X=0,Y=1)=\frac{1}{7}, \quad P(X=1,Y=0)=\frac{2}{7}.$$

因此,

$$P(Y=1|X=0) = \frac{P(X=0,Y=1)}{P(X=0)} = \frac{2}{3};$$

$$P(X=1|Y=0) = \frac{P(X=1,Y=0)}{P(Y=0)} = \frac{8}{15}.$$

3.4.2 二维连续型随机变量的条件分布

设(X,Y)为二维连续型随机变量,其联合概率密度函数为$f(x,y)$,关于X

和 Y 的边际密度函数分别为 $f_X(x)>0$ 和 $f_Y(y)$.

定义 3-8 若对固定的 y, $f_Y(y)>0$, 则称 $\dfrac{f(x,y)}{f_Y(y)}$ 为在 $Y=y$ 条件下关于 X 的**条件概率密度函数**, 记为

$$f_{X|Y}(x|y)=\dfrac{f(x,y)}{f_Y(y)}. \qquad (3\text{-}41)$$

注意: 式(3-41)中的 y 是固定的, 而 $x\in\mathbb{R}$ 是变动的, 这是一个新的连续型随机变量的密度函数.

同理, 若对固定的 x, $f_X(x)>0$, 则称 $\dfrac{f(x,y)}{f_X(x)}$ 为在 $X=x$ 条件下关于 Y 的**条件概率密度函数**, 记为

$$f_{Y|X}(y|x)=\dfrac{f(x,y)}{f_X(x)}, \quad \text{其中 } x \text{ 固定}, y\in\mathbb{R}. \qquad (3\text{-}42)$$

显然, 对条件密度函数在 $(-\infty,x)$ 或 $(-\infty,y)$ 上积分, 即得相应条件分布函数.

注意: 求二维连续型随机变量的条件分布或条件密度函数时, 一定要注意哪个量是固定的, 哪个量是变动的. 对固定的量, 要确保分母取值不为零.

例 3-21（续例 3-10） 设二维连续型随机变量 (X,Y) 的联合密度函数为

$$f(x,y)=\begin{cases}\dfrac{1}{8}(4-x-y), & 0<x<2, 0<y<2,\\ 0, & \text{其他}.\end{cases}$$

求 $f_{Y|X}(y|x)$.

解 由例 3-10 知

$$f_X(x)=\int_{-\infty}^{+\infty}f(x,v)\mathrm{d}v=\begin{cases}\dfrac{3-x}{4}, & 0<x<2,\\ 0, & \text{其他}.\end{cases}$$

依式(3-42), $\forall\, 0<x<2$,

$$f_{Y|X}(y|x)=\dfrac{f(x,y)}{f_X(x)}=\begin{cases}\dfrac{4-x-y}{6-2x}, & 0<y<2,\\ 0, & \text{其他}.\end{cases}$$

习　　题

1. 设同类型的 7 个零件中有 2 个次品, 从中任取 3 个, X 表示取到的次品数, 求 X 的分布列.

2. 已知离散型随机变量 X 的分布列为
$$P(X=k)=\frac{a}{3^k}, \quad k=1,2,3,$$
求常数 a 的值.

3. 已知离散型随机变量 X 的分布列为
$$P(X=k)=\frac{3+(-1)^k}{8}, \quad k=1,2,3,$$
求 X 的分布函数.

4. 袋子中装有 5 个球,分别编号 1,2,3,4,5. 从袋子中同时取 3 个球, X 表示取到 3 个球中的最小号码,求:

(1) X 的分布列;

(2) X 的分布函数.

5. 设某批电子元件的正品率为 $p(0<p<1)$,次品率为 $1-p$. 现对这批元件进行抽检,X 表示第一次抽到正品时已经进行的抽检次数,求 X 的分布列.

6. 设随机变量 X 的分布列为
$$P(X=k)=\frac{2}{3^k}, \quad k=1,2,\cdots,$$
求:

(1) 随机变量 X 取偶数的概率;

(2) $P(X\geqslant 4)$.

7. 设随机变量 $X\sim b(2,p), Y\sim b(3,p)$,若已知 $P(X=1)=\frac{4}{9}$,求:

(1) 常数 p 的值;

(2) $P(Y\geqslant 1)$.

8. 已知随机变量 $X\sim N(3,2^2)$,求随机变量 X 落入区间 $(3,5)$ 内的概率.

9. 已知随机变量 $X\sim N(a,2^2)$ 且 $P(X<4)=0.5$,求常数 a 的值.

10. 已知连续型随机变量 X 的密度函数
$$f(x)=\begin{cases} ax, & 0<x<1, \\ 0, & 其他. \end{cases}$$

(1) 求常数 a 的值;

(2) 求随机变量 X 的分布函数;

(3) 计算概率 $P(0.5<X<0.75)$.

11. 设随机变量 X 在 $(-4,7)$ 内服从均匀分布,求关于 t 的一元二次方程 $t^2-Xt+1=0$ 有实根的概率.

12. 顾客在某银行窗口等待服务的时间 X(单位：min)服从指数分布,密度函数为
$$f(x) = \begin{cases} \dfrac{1}{10}\mathrm{e}^{-x/10}, & x>0, \\ 0, & \text{其他,} \end{cases}$$
若等待时间超过 10min,顾客将离开银行. 该顾客每个月要到银行 4 次,Y 表示一个月内他未等到服务而离开银行的次数,求 Y 的分布列.

13. 设随机变量 X 的分布列为
$$P(X=k)=\dfrac{1}{2^k}, \quad k=1,2,\cdots,$$
求随机变量 $Y=\cos\dfrac{\pi X}{2}$ 的分布列.

14. 盒子中装有 3 个黑球、2 个白球和 1 个红球,从中任取 2 个球,以 X 表示取到的白球个数,以 Y 表示取到的红球个数. 试分别求：

(1) 二维随机变量 (X,Y) 的联合分布列；

(2) 随机变量 $Z_1=X-Y$ 的分布列；

(3) 随机变量 $Z_2=\min\{X,Y\}$ 的分布列.

15. 设二维连续型随机变量 (X,Y) 的联合密度函数为
$$f(x,y)=\begin{cases} k(x+y), & 0<x<2, 0<y<2, \\ 0, & \text{其他,} \end{cases}$$
分别求：

(1) 常数 k 的值；

(2) 概率 $P(X-Y<1)$；

(3) 边际密度函数 $f_X(x)$；

(4) 随机变量 $Z=X+Y$ 的分布函数.

第 4 章

随机变量的数字特征

风会熄灭蜡烛,也能使火越烧越旺. 对随机性、不确定和混沌也一样：你要利用它们,而不是躲避它们. 你要成为火,渴望得到风的吹拂.

——美国,Nassim Nicholas Taleb,《反脆弱》

随机变量的分布函数完全决定了它的概率变化规律. 但是,从应用上讲,有时候我们仅仅需要考察与随机变量概率分布相关的一些属性,比如平均值、离散程度、偏度、峰度等. 本章讨论随机变量的一系列基本特征(实质上都是随机变量的一些函数的数学期望),要求大家既要理解这些基本特征的概率意义以便能够恰当地应用它们,也要掌握计算这些特征的方法和技术.

4.1 数学期望

4.1.1 算术平均与加权平均

例 4-1 一门课程考试结束,每位学生按成绩可获得相应绩点为 0(分数 60 分以下)、2(分数 60～70)、3(分数 70～80)、4(分数 80～90)、5(分数 90 及以上)中的某一个. 考虑一个班级 n 名学生这门课程的各自的绩点为 X,显然,在分数未公布前(且假定学生对每个题目答题正确与否均是没把握的),学生可能获得的绩点 X 可视为随机变量,其取值为 $0,2,3,4,5$ 中的某一个.

若第 k 名学生获得的真实绩点为 x_k,其中 $k=1,2,\cdots,n,x_k \in \{0,2,3,4,5\}$,则该班学生该门课程的平均绩点为

$$\frac{1}{n}\sum_{i=1}^{n} x_i = \sum_{i=1}^{5} y_i \times \frac{n_i}{n}. \tag{4-1}$$

其中, n_i 表示取得绩点 y_i 的人数, $y_i \in \{0,2,3,4,5\}$, $\sum_{i=1}^{5} n_i = n$.

显然,式(4-1)左侧是按人逐一累加平均的,即**算术平均**. 又,注意到绩点 X 的概率分布列为

$$P(X = y_i) = \frac{n_i}{n}, \quad i = 1, 2, \cdots, 5.$$

由此,式(4-1)的右侧实际上是依概率分布的加权平均.

而对一个连续型随机变量 X,若其密度函数为 $f(x)$,根据密度函数的含义,通过对直线轴 $\mathbb{R}$ 分划,用 $f(x_i)\Delta x_i$ 近似表示 X 在第 i 个小区间 $[x_{i-1}, x_i]$ 中的概率,其中 $\Delta x_i = x_i - x_{i-1}$,这样和式

$$\sum_{i=1}^{n} x_i \cdot f(x_i) \Delta x_i$$

近似地给出了随机变量 X 的平均取值. 显然,对直线轴 $\mathbb{R}$ 的分划越精细,则上面的平均就越精确. 当然,平均值若存在,它就应该不依赖于对直线轴 $\mathbb{R}$ 的分划方式. 那么,考虑到 Riemann 积分的概念,连续型随机变量 X 的平均值可以通过形如

$$\int_{-\infty}^{+\infty} x f(x) \mathrm{d}x$$

的积分来定义.

4.1.2 数学期望的定义

定义 4-1 设离散型随机变量 X 的分布律为 $P\{X = x_i\} = p_i, i = 1, 2, \cdots$,若级数

$$\sum_{i=1}^{+\infty} |x_i| \cdot p_i$$

收敛,则称级数 $\sum_{i=1}^{+\infty} x_i \cdot p_i$ 的和为随机变量 X 的**数学期望**,记为 $E(X)$,即

$$E(X) = \sum_{i=1}^{+\infty} x_i \cdot p_i. \tag{4-2}$$

注意:级数 $\sum_{i=1}^{+\infty} |x_i| \cdot p_i$ 收敛,可以保证级数 $\sum_{i=1}^{+\infty} x_i \cdot p_i$ 的求和与顺序无关,保证数学期望值的唯一性.(具体参见参考文献[13]第 12 章)

类似地,对连续型随机变量,有以下定义:

定义 4-2 设连续型随机变量 X 的密度函数为 $f(x)$，若积分

$$\int_{-\infty}^{+\infty} |x| f(x) \mathrm{d}x$$

收敛，则称积分 $\int_{-\infty}^{+\infty} x f(x) \mathrm{d}x$ 的值为随机变量 X 的**数学期望**，记为 $E(X)$，即

$$E(X) = \int_{-\infty}^{+\infty} x f(x) \mathrm{d}x. \tag{4-3}$$

4.1.3 几个重要一维随机变量的数学期望

1. 0-1 分布(两点分布)随机变量的数学期望

设随机变量 X 服从 0-1 分布，分布律为

$$P(X=0) = 1-p, \quad P(X=1) = p, \quad 0 < p < 1.$$

由式(4-2)，可得其数学期望

$$E(X) = 0 \times (1-p) + 1 \times p = p.$$

2. 二项分布 ($b(n,p)$) 随机变量的数学期望

设随机变量 X 服从 $b(n,p)$ 分布，分布律为

$$P(X=i) = C_n^i p^i (1-p)^{n-i}, \quad i = 0, 1, \cdots, n, \ 0 < p < 1.$$

由式(4-2)，可得其数学期望

$$\begin{aligned}
E(X) &= \sum_{i=0}^{n} i \times P(X=i) = \sum_{i=0}^{n} i \times C_n^i p^i (1-p)^{n-i} \\
&= \sum_{i=1}^{n} i \times \frac{n!}{i! \cdot (n-i)!} p^i (1-p)^{n-i} \\
&= \sum_{i=1}^{n} \frac{n!}{(i-1)! \cdot (n-i)!} p^i (1-p)^{n-i} \\
&= \sum_{i=1}^{n} \frac{n \times (n-1)!}{(i-1)! \cdot [(n-1)-(i-1)]!} p^{i-1+1} (1-p)^{(n-1)-(i-1)} \\
&= np \times \sum_{i=1}^{n} \frac{(n-1)!}{(i-1)! \cdot [(n-1)-(i-1)]!} p^{i-1} (1-p)^{(n-1)-(i-1)} \\
&= np \times \sum_{i=1}^{n} C_{n-1}^{i-1} p^{i-1} (1-p)^{(n-1)-(i-1)} \quad (\text{令 } m = i-1) \\
&= np \times \sum_{m=0}^{n-1} C_{n-1}^m p^m (1-p)^{(n-1)-m} = np \times (p + 1 - p)^{n-1} \\
&= np.
\end{aligned}$$

这里，我们利用了第 1 章中介绍的预备知识：

$$C_n^m = \frac{n!}{m! \cdot (n-m)!}, \quad (a+b)^n = \sum_{m=0}^{n} C_n^m \cdot a^m \cdot b^{n-m}, \quad 取\ a=p, b=1-p.$$

3. 泊松分布（$\pi(\lambda)$）随机变量的数学期望

设随机变量 X 服从 $\pi(\lambda)$ 分布，分布律为

$$P(X=k) = e^{-\lambda} \cdot \frac{\lambda^k}{k!}, \quad k=0,1,2,\cdots, 常数\ \lambda>0.$$

由式(4-2)，得其数学期望

$$\begin{aligned}
E(X) &= \sum_{k=0}^{\infty} k \cdot P(X=k) = \sum_{k=0}^{\infty} k e^{-\lambda} \frac{\lambda^k}{k!} = \sum_{k=1}^{\infty} k e^{-\lambda} \frac{\lambda^k}{k!} \\
&= e^{-\lambda} \sum_{k=1}^{\infty} \frac{\lambda^{k-1+1}}{(k-1)!} = \lambda e^{-\lambda} \sum_{k=1}^{\infty} \frac{\lambda^{k-1}}{(k-1)!} \\
&= \lambda e^{-\lambda} \sum_{n=0}^{\infty} \frac{\lambda^n}{n!} \quad (令\ n=k-1) \\
&= \lambda.
\end{aligned}$$

这里，我们利用了第 1 章中介绍的预备知识：

$$e^x = \sum_{n=0}^{\infty} \frac{x^n}{n!}, \quad 取\ x=\lambda.$$

4. 几何分布（$\mathrm{Ge}(p)$）随机变量的数学期望

设随机变量 $X \sim \mathrm{Ge}(p)$，分布律为

$$P(X=i) = p(1-p)^{i-1}, \quad i=1,2,\cdots, 0<p<1,$$

由式(4-2)，得其数学期望

$$E(X) = \sum_{k=1}^{\infty} i \times P(X=i) = \sum_{i=1}^{\infty} i \times p(1-p)^{i-1} = \lim_{k \to \infty} S_k.$$

其中，

$$S_k = \sum_{i=1}^{k} i \times p(1-p)^{i-1}. \tag{a}$$

式(a)两端同时乘以 $(1-p)$ 得

$$(1-p) \times S_k = \sum_{i=1}^{k} i \times p(1-p)^i. \tag{b}$$

式(a)－式(b)得

$$pS_k = p\left[\sum_{i=1}^{k}(1-p)^{i-1} - k(1-p)^k\right],$$

整理得

$$S_k = \frac{1-(1-p)^k}{p} - k(1-p)^k. \tag{c}$$

这里,我们利用了级数求和的错位相消法及等比级数求前 k 项和的公式.

最后,在式(c)中,令 $k \to \infty$,得

$$E(X) = \sum_{k=1}^{\infty} i \times P(X=i) = \sum_{i=1}^{k} i \times p(1-p)^{i-1} = \frac{1}{p}.$$

这里,我们利用到:当 $0 < p < 1$ 时,$\lim\limits_{k \to \infty}(1-p)^k = 0$.

5. 均匀分布($U(a,b)$)随机变量的数学期望

设随机变量 $X \sim U(a,b)$,其密度函数为

$$f(x) = \begin{cases} \dfrac{1}{b-a}, & a < x < b, \\ 0, & \text{其他}. \end{cases}$$

由式(4-3),得其数学期望

$$E(X) = \int_{-\infty}^{+\infty} x f(x) \mathrm{d}x$$

$$= \int_a^b x \cdot \frac{1}{b-a} \mathrm{d}x = \frac{1}{b-a} \cdot \frac{x^2}{2} \bigg|_a^b = \frac{1}{b-a} \cdot \frac{b^2-a^2}{2}$$

$$= \frac{a+b}{2}.$$

6. 指数分布($\mathrm{Exp}(\lambda)$)随机变量的数学期望

设随机变量 $X \sim \mathrm{Exp}(\lambda)$,其密度函数为

$$f(x) = \begin{cases} \lambda \mathrm{e}^{-\lambda x}, & x > 0, \\ 0, & \text{其他}, \end{cases} \quad \text{其中参数 } \lambda > 0.$$

由式(4-3),得其数学期望

$$E(X) = \int_{-\infty}^{+\infty} x f(x) \mathrm{d}x$$

$$= \int_0^{+\infty} x \cdot \lambda \mathrm{e}^{-\lambda x} \mathrm{d}x = -\int_0^{+\infty} x \mathrm{d}(\mathrm{e}^{-\lambda x})$$

$$= -x \mathrm{e}^{-\lambda x} \bigg|_0^{+\infty} + \int_0^{+\infty} \mathrm{e}^{-\lambda x} \mathrm{d}x = -\frac{1}{\lambda} \mathrm{e}^{-\lambda x} \bigg|_0^{+\infty}$$

$$= \frac{1}{\lambda}.$$

这里,我们利用了积分计算中的分部积分公式.

7. 正态分布（$N(\mu,\sigma^2)$）随机变量的数学期望

设随机变量 $X \sim N(\mu,\sigma^2)$，其密度函数为

$$f(x) = \frac{1}{\sqrt{2\pi}\sigma} e^{-\frac{(x-\mu)^2}{2\sigma^2}}, \quad x \in \mathbb{R}.$$

由式(4-3)，得其数学期望

$$E(X) = \int_{-\infty}^{+\infty} x f(x) \mathrm{d}x = \int_{-\infty}^{+\infty} x \cdot \frac{1}{\sqrt{2\pi}\sigma} e^{-\frac{(x-\mu)^2}{2\sigma^2}} \mathrm{d}x \quad \left(\diamondsuit\ y = \frac{x-\mu}{\sigma}\right)$$

$$= \int_{-\infty}^{+\infty} (\sigma y + \mu) \cdot \frac{1}{\sqrt{2\pi}} e^{-\frac{y^2}{2}} \mathrm{d}y = \int_{-\infty}^{+\infty} \sigma y \frac{1}{\sqrt{2\pi}} e^{-\frac{y^2}{2}} \mathrm{d}y + \mu \int_{-\infty}^{+\infty} \frac{1}{\sqrt{2\pi}} e^{-\frac{y^2}{2}} \mathrm{d}y$$

$$= \mu.$$

这里，我们利用了积分计算中的换元积分公式、奇函数在对称区间上的积分性质及

$$\int_{-\infty}^{+\infty} \frac{1}{\sqrt{2\pi}} e^{-\frac{y^2}{2}} \mathrm{d}y = 1.$$

8. 帕累托分布（$\mathrm{Pareto}(\alpha,x_0)$）随机变量的数学期望

设随机变量 $X \sim \mathrm{Pareto}(\alpha,x_0)$，其密度函数为

$$f(x) = \begin{cases} \dfrac{\alpha x_0^\alpha}{x^{\alpha+1}}, & x > x_0, \\ 0, & x \leqslant x_0, \end{cases} \quad \text{其中}, \alpha > 1, x_0 > 0.$$

由式(4-3)，得其数学期望

$$E(X) = \int_{-\infty}^{+\infty} x f(x) \mathrm{d}x$$

$$= \int_{x_0}^{+\infty} x \cdot \frac{\alpha x_0^\alpha}{x^{\alpha+1}} \mathrm{d}x = \frac{\alpha x_0^\alpha}{1-\alpha} x^{-\alpha+1} \Big|_{x_0}^{+\infty}$$

$$= \frac{\alpha x_0}{\alpha - 1}.$$

9. 伽马分布（$\mathrm{Ga}(\alpha,\lambda)$）随机变量的数学期望

设随机变量 $X \sim \mathrm{Ga}(\alpha,\lambda)$，其密度函数为

$$f(x) = \begin{cases} \dfrac{\lambda^\alpha}{\Gamma(\alpha)} x^{\alpha-1} e^{-\lambda x}, & x \geqslant 0, \\ 0, & \text{其他}. \end{cases}$$

由式(4-3)，得其数学期望

$$E(X) = \int_{-\infty}^{+\infty} x f(x) \mathrm{d}x$$

$$= \int_0^{+\infty} x \cdot \frac{\lambda^\alpha}{\Gamma(\alpha)} x^{\alpha-1} e^{-\lambda x} dx$$

$$= \frac{1}{\Gamma(\alpha)} \int_0^{+\infty} \lambda^\alpha x^\alpha e^{-\lambda x} dx \ (\diamondsuit\ t = \lambda x)$$

$$= \frac{1}{\lambda \Gamma(\alpha)} \int_0^{+\infty} t^\alpha e^{-t} dt = \frac{\Gamma(\alpha+1)}{\lambda \Gamma(\alpha)}$$

$$= \frac{\alpha}{\lambda}.$$

这里,我们利用了积分计算中的换元积分公式及伽马函数的性质:
$$\Gamma(\alpha+1) = \alpha \Gamma(\alpha).$$

当然,并不是所有随机变量的数学期望都是存在的. 例如下面的例子:

例 4-2 设连续型随机变量 X 的密度函数为

$$f(x) = \begin{cases} \dfrac{2}{\pi(1+x^2)}, & x > 0, \\ 0, & x \leqslant 0, \end{cases}$$

则

$$E(X) = \int_{-\infty}^{+\infty} x f(x) dx = \int_0^{+\infty} x \cdot \frac{2}{\pi(1+x^2)} dx = +\infty,$$

此时,随机变量 X 的数学期望不存在.

4.1.4 数学期望的性质

在许多理论与应用问题中,常常遇到利用随机变量的函数求数学期望的问题. 理论上,我们可以通过先计算随机变量的函数的分布(分布律或密度函数),然后再依照期望公式求出随机变量的函数的数学期望. 然而,由于计算的复杂性,这个过程往往非常烦琐. 统计学家的无意识法则为这类问题提供了切实可行的方法,但其证明需要较为复杂的分析概率论的知识. 下面,我们不加证明地给出随机变量数学期望的若干性质.

(1) **线性性质**:
$$E(c) = c, \quad E(cX) = cE(X), \quad E(aX + bY) = aE(X) + bE(Y), \quad (4\text{-}4)$$
其中, a, b, c 为常数.

(2) 一维随机变量 X 的函数的数学期望公式(**统计学家的无意识法则**):
$$E(g(X)) = \begin{cases} \sum_{i=1}^{\infty} g(x_i) p_i, & X \text{ 为离散型随机变量}, \\ \int_{-\infty}^{+\infty} g(x) f(x) dx, & X \text{ 为连续型随机变量}, \end{cases} \quad (4\text{-}5)$$

4.2 方差与协方差

其中,g 为一元连续函数.

(3) 二维随机变量(X,Y)的函数的数学期望公式(**统计学家的无意识法则**)

$$E(g(X,Y)) = \begin{cases} \sum_{i=1}^{\infty}\sum_{j=1}^{\infty} g(x_i, y_j) p_{ij}, & (X,Y) \text{ 为二维离散型随机变量,} \\ \int_{-\infty}^{+\infty}\int_{-\infty}^{+\infty} g(x,y) f(x,y) \mathrm{d}x\mathrm{d}y, & (X,Y) \text{ 为二维连续型随机变量,} \end{cases}$$

(4-6)

其中,g 为二元连续函数.

(4) 特别地,当随机变量 X,Y 相互独立时,有

$$E(XY) = E(X) \cdot E(Y). \tag{4-7}$$

例 4-3 已知随机变量 $X \sim U(-1,3), Y \sim N(2, 3^2)$,求 $E(X-3Y)$.

解 依题意,X 服从均匀分布,其数学期望 $E(X) = \dfrac{-1+3}{2} = 1$,而 Y 服从正态分布,其数学期望 $E(Y) = 2$,由式(4-4)得

$$E(X-3Y) = E(X) - 3E(Y) = 1 - 3 \times 2 = -5.$$

例 4-4 已知随机变量 X 的密度函数为

$$f(x) = \begin{cases} 2x, & 0 < x < 1, \\ 0, & \text{其他}, \end{cases}$$

求 $E(X+2), E(X^2)$.

解 由式(4-5)得

$$E(X+2) = \int_{-\infty}^{+\infty} (x+2) f(x) \mathrm{d}x = \int_0^1 (x+2) \cdot 2x \, \mathrm{d}x$$

$$= \int_0^1 (2x^2 + 4x) \mathrm{d}x = \left(\frac{2}{3}x^3 + 2x^2\right) \Big|_0^1 = \frac{8}{3},$$

$$E(X^2) = \int_{-\infty}^{+\infty} x^2 f(x) \mathrm{d}x = \int_0^1 x^2 \cdot 2x \, \mathrm{d}x = \int_0^1 2x^3 \mathrm{d}x = \left(\frac{1}{2}x^4\right) \Big|_0^1 = \frac{1}{2}.$$

4.2 方差与协方差

4.2.1 方差与标准差的定义

为量度随机变量 X 的概率分布的离散(或集中)程度,我们引入以下概念:

定义 4-3 设 X 是一个随机变量,若 $E([X-E(X)]^2)$ 存在,则称

$$E([X-E(X)]^2)$$

为随机变量 X 的**方差**,记为 $D(X)$ 或 $\text{Var}(X)$,即
$$D(X) = E([X - E(X)]^2) = E(X^2) - E^2(X). \tag{4-8}$$
方差的正平方根称为**标准差**,记为 $\sigma(X)$ 或 σ_X,即
$$\sigma(X) = \sqrt{D(X)}.$$

4.2.2 方差的性质

显然,当 c 为常数时,有
$$D(c) = 0, \quad D(cX) = c^2 D(X).$$
对任意常数 a, b,有
$$\begin{aligned} D(aX + bY) &= E(aX + bY)^2 - E^2(aX + bY) \\ &= a^2 D(X) + b^2 D(Y) + 2ab[E(XY) - E(X) \cdot E(Y)]. \end{aligned} \tag{4-9}$$
因此,当随机变量 X, Y 相互独立时,结合式(4-7)得
$$D(aX + bY) = a^2 D(X) + b^2 D(Y). \tag{4-10}$$

4.2.3 几个重要一维随机变量的方差

1. 0-1 分布(两点分布)随机变量的方差

设随机变量 X 服从 0-1 分布,分布律为
$$P(X=0) = 1-p, \quad P(X=1) = p, \quad 0 < p < 1.$$
则
$$E(X^2) = 0^2 \times (1-p) + 1^2 \times p = p,$$
因此,由式(4-8)得
$$D(X) = E(X^2) - E^2(X) = p - p^2 = p(1-p).$$

2. 二项分布($b(n,p)$)随机变量的方差

设随机变量 X 服从 $b(n,p)$ 分布, X 可以用来表示 n 次重复独立试验中事件 A 发生的次数. 令
$$X_i = \begin{cases} 0, & \text{第 } i \text{ 次试验中事件 } A \text{ 不发生,} \\ 1, & \text{第 } i \text{ 次试验中事件 } A \text{ 发生,} \end{cases}$$
则 X_i 服从 0-1 分布且 $X_1, X_2, \cdots, X_n$ 相互独立,可得
$$X = X_1 + X_2 + \cdots + X_n.$$
由式(4-10)得
$$D(X) = D(X_1 + X_2 + \cdots + X_n) = D(X_1) + D(X_2) + \cdots + D(X_n) = np(1-p).$$

3. 泊松分布（$\pi(\lambda)$）随机变量的方差

设随机变量 X 服从 $\pi(\lambda)$ 分布，分布律为

$$P(X=k)=e^{-\lambda}\frac{\lambda^k}{k!}, \quad k=0,1,2,\cdots, \text{常数 } \lambda>0.$$

由式(4-5)得

$$\begin{aligned}E(X^2)&=\sum_{k=0}^{\infty}k^2P(X=k)=\sum_{k=0}^{\infty}k^2 e^{-\lambda}\frac{\lambda^k}{k!}=\sum_{k=1}^{\infty}k^2 e^{-\lambda}\frac{\lambda^k}{k!}\\
&=e^{-\lambda}\sum_{k=1}^{\infty}k\cdot\frac{\lambda^k}{(k-1)!} \quad (\text{令 } n=k-1)\\
&=e^{-\lambda}\sum_{n=0}^{\infty}(n+1)\frac{\lambda^{n+1}}{n!}=e^{-\lambda}\sum_{n=0}^{\infty}n\cdot\frac{\lambda^{n+1}}{n!}+e^{-\lambda}\sum_{n=0}^{\infty}\frac{\lambda^{n+1}}{n!}\\
&=e^{-\lambda}\sum_{n=1}^{\infty}n\cdot\frac{\lambda^{n+1}}{n!}+\lambda e^{-\lambda}\sum_{n=0}^{\infty}\frac{\lambda^n}{n!}=e^{-\lambda}\sum_{n=1}^{\infty}\frac{\lambda^{n+1}}{(n-1)!}+\lambda \quad (\text{令 } m=n-1)\\
&=e^{-\lambda}\sum_{m=0}^{\infty}\frac{\lambda^{m+2}}{m!}+\lambda=\lambda^2+\lambda.\end{aligned}$$

因此，由式(4-8)得

$$D(X)=E(X^2)-E^2(X)=\lambda^2+\lambda-\lambda^2=\lambda,$$

即泊松分布的数学期望与方差相等，且等于参数 λ.

4. 均匀分布（$U(a,b)$）随机变量的方差

设随机变量 $X\sim U(a,b)$，其密度函数为

$$f(x)=\begin{cases}\dfrac{1}{b-a}, & a<x<b,\\ 0, & \text{其他}.\end{cases}$$

由式(4-5)得

$$\begin{aligned}E(X^2)&=\int_{-\infty}^{+\infty}x^2 f(x)\mathrm{d}x\\
&=\int_a^b x^2\cdot\frac{1}{b-a}\mathrm{d}x=\frac{1}{b-a}\cdot\left.\frac{x^3}{3}\right|_a^b=\frac{1}{b-a}\cdot\frac{b^3-a^3}{3}\\
&=\frac{a^2+ab+b^2}{3}.\end{aligned}$$

因此，由式(4-8)得

$$D(X)=E(X^2)-E^2(X)=\frac{a^2+ab+b^2}{3}-\left(\frac{a+b}{2}\right)^2=\frac{(b-a)^2}{12}.$$

5. 指数分布（Exp(λ)）随机变量的方差

设随机变量 $X \sim \text{Exp}(\lambda)$，其密度函数为

$$f(x)=\begin{cases}\lambda e^{-\lambda x}, & x>0,\\ 0, & \text{其他},\end{cases} \quad \text{其中参数 } \lambda>0.$$

由式(4-5)得

$$\begin{aligned}E(X^2) &= \int_{-\infty}^{+\infty} xf(x)\,dx \\ &= \int_0^{+\infty} x^2 \cdot \lambda e^{-\lambda x}\,dx = -\int_0^{+\infty} x^2\,d(e^{-\lambda x}) \\ &= -x^2 e^{-\lambda x}\Big|_0^{+\infty} + \int_0^{+\infty} 2x e^{-\lambda x}\,dx = \frac{2}{\lambda}\int_0^{+\infty} x\cdot\lambda e^{-\lambda x}\,dx \\ &= \frac{2}{\lambda}\cdot E(X) \\ &= \frac{2}{\lambda^2}.\end{aligned}$$

因此，由式(4-8)得

$$D(X)=E(X^2)-E^2(X)=\frac{2}{\lambda}-\left(\frac{1}{\lambda}\right)^2=\frac{1}{\lambda^2}.$$

6. 正态分布（$N(\mu,\sigma^2)$）随机变量的方差

设随机变量 $X \sim N(\mu,\sigma^2)$，其密度函数为

$$f(x)=\frac{1}{\sqrt{2\pi}\sigma}e^{-\frac{(x-\mu)^2}{2\sigma^2}}, \quad x\in R.$$

由式(4-5)得

$$\begin{aligned}E(X^2) &= \int_{-\infty}^{+\infty} x^2 f(x)\,dx \\ &= \int_{-\infty}^{+\infty} x^2 \cdot \frac{1}{\sqrt{2\pi}\sigma}e^{-\frac{(x-\mu)^2}{2\sigma^2}}\,dx \quad \left(\diamondsuit\ y=\frac{x-\mu}{\sigma}\right) \\ &= \int_{-\infty}^{+\infty} (\sigma y+\mu)^2 \cdot \frac{1}{\sqrt{2\pi}}e^{-\frac{y^2}{2}}\,dy \\ &= \int_{-\infty}^{+\infty} \sigma^2 y^2 \frac{1}{\sqrt{2\pi}}e^{-\frac{y^2}{2}}\,dy + 2\sigma\mu\int_{-\infty}^{+\infty} y\cdot\frac{1}{\sqrt{2\pi}}e^{-\frac{y^2}{2}}\,dy \\ &= \sigma^2 \int_{-\infty}^{+\infty} -y\frac{1}{\sqrt{2\pi}}d(e^{-\frac{y^2}{2}})+0+\mu^2\end{aligned}$$

$$= \sigma^2 \left(-y \frac{1}{\sqrt{2\pi}} e^{-\frac{y^2}{2}} \Big|_{-\infty}^{+\infty} + \int_{-\infty}^{+\infty} \frac{1}{\sqrt{2\pi}} e^{-\frac{y^2}{2}} dy \right) + \mu^2$$

$$= \sigma^2 + \mu^2.$$

因此,由式(4-8)得

$$D(X) = E(X^2) - E^2(X) = \sigma^2 + \mu^2 - \mu^2 = \sigma^2.$$

4.2.4 协方差

为量度两个随机变量间的线性关系,引入如下概念:

定义 4-4 设 (X,Y) 是二维随机变量,若

$$E[(X-E(X))(Y-E(Y))]$$

存在,则称此数学期望为随机变量 X 与 Y 的**协方差**,并记为

$$\text{cov}(X,Y) = E[(X-E(X))(Y-E(Y))] = E(XY) - E(X) \cdot E(Y). \quad (4-11)$$

若 $\text{cov}(X,Y) > 0$,则称随机变量 X 与 Y **正相关**;若 $\text{cov}(X,Y) < 0$,则称随机变量 X 与 Y **负相关**;若 $\text{cov}(X,Y) = 0$,则称随机变量 X 与 Y **不相关**.

下面,我们列出协方差的若干性质及相关证明方法:

(1) $\text{cov}(X,Y) = \text{cov}(Y,X)$.

(2) $\text{cov}(X,a) = 0$,其中 a 为常数.

(3) $\text{cov}(aX,bY) = ab\,\text{cov}(X,Y)$.

(4) $\text{cov}(X+Y,Z) = \text{cov}(X,Z) + \text{cov}(Y,Z)$.

(5) $D(aX \pm bY) = a^2 D(X) + b^2 D(Y) \pm 2ab\,\text{cov}(X,Y)$,其中 a,b 为常数.

证 由式(4-9)和式(4-11)即可证明.

(6) **施瓦茨不等式**: $[\text{cov}(X,Y)]^2 \leqslant \sigma_X^2 \sigma_Y^2$.

证 构造一元实函数

$$g(t) = E[t(X-E(X)) + (Y-E(Y))]^2 = t^2 \sigma_X^2 + 2t\,\text{cov}(X,Y) + \sigma_Y^2,$$

此式为 t 的一元二次函数,且不管 t 取何值,均有 $g(t) \geqslant 0$. 因此,

$$\Delta = [2\text{cov}(X,Y)]^2 - 4\sigma_X^2 \cdot \sigma_Y^2 \leqslant 0,$$

整理后即证.

(7) 若随机变量 X 与 Y 相互独立,则

$$\text{cov}(X,Y) = E[(X-E(X))(Y-E(Y))] = E(XY) - E(X) \cdot E(Y) = 0.$$

即随机变量 X 与 Y 不相关,但反之不一定成立.

例 4-5 已知二维离散型随机变量 (X,Y) 的联合分布列如表 4-1 所示:

表 4-1

Y \ X	−1	0	1
−1	$\frac{1}{8}$	$\frac{1}{8}$	$\frac{1}{8}$
0	$\frac{1}{8}$	0	$\frac{1}{8}$
1	$\frac{1}{8}$	$\frac{1}{8}$	$\frac{1}{8}$

求 $\mathrm{cov}(X,Y)$.

解 由 (X,Y) 的联合分布列可得 X,Y 的边缘分布列分别如表 4-2、表 4-3 所示.

表 4-2

X	−1	0	1
p	$\frac{3}{8}$	$\frac{1}{4}$	$\frac{3}{8}$

表 4-3

Y	−1	0	1
p	$\frac{3}{8}$	$\frac{1}{4}$	$\frac{3}{8}$

又

$$P(Z=1)=P(X=-1,Y=-1)+P(X=1,Y=1)=\frac{1}{8}+\frac{1}{8}=\frac{1}{4},$$

$$P(Z=-1)=P(X=1,Y=-1)+P(X=-1,Y=1)=\frac{1}{8}+\frac{1}{8}=\frac{1}{4},$$

$$P(Z=0)=P(X=0)+P(Y=0)-P(X=0,Y=0)=\frac{1}{4}+\frac{1}{4}-0=\frac{1}{2}.$$

因此,随机变量 $Z=X\cdot Y$ 的分布列如表 4-4 所示.

表 4-4

Z	−1	0	1
p	$\frac{1}{4}$	$\frac{1}{2}$	$\frac{1}{4}$

由此,

$$E(X)=E(Y)=-1\times\frac{3}{8}+0\times\frac{1}{4}+1\times\frac{3}{8}=0,$$

$$E(XY)=E(Z)=-1\times\frac{1}{4}+0\times\frac{1}{2}+1\times\frac{1}{4}=0,$$

$$\mathrm{cov}(X,Y)=E(XY)-E(X)\cdot E(Y)=0.$$

即 X,Y 不相关. 但是,

$$P(X=1,Y=1)=\frac{1}{8}\neq P(X=1)P(Y=1)=\frac{3}{8}\times\frac{3}{8}=\frac{9}{64},$$

故 X,Y 不独立.

例 4-6 已知二维连续型随机变量 (X,Y) 的联合密度函数

$$f(x,y)=\begin{cases}\mathrm{e}^{-x}, & 0<y<x,x>0,\\ 0, & \text{其他},\end{cases}$$

求 $\mathrm{cov}(X,Y)$.

解 由式(4-6)(统计学家的无意识法则)得

$$E(X)=\iint xf(x,y)\mathrm{d}x\mathrm{d}y$$

$$=\int_0^{+\infty}\mathrm{d}x\int_0^x x\mathrm{e}^{-x}\mathrm{d}y$$

$$=\int_0^{+\infty}x^2\mathrm{e}^{-x}\mathrm{d}x$$

$$=\Gamma(3)=2!=2,$$

$$E(Y)=\iint yf(x,y)\mathrm{d}x\mathrm{d}y$$

$$=\int_0^{+\infty}\mathrm{d}x\int_0^x y\mathrm{e}^{-x}\mathrm{d}y$$

$$=\frac{1}{2}\int_0^{+\infty}x^2\mathrm{e}^{-x}\mathrm{d}x$$

$$=\frac{1}{2}\Gamma(3)=\frac{1}{2}\times 2!=1,$$

$$E(XY)=\iint xyf(x,y)\mathrm{d}x\mathrm{d}y$$

$$=\int_0^{+\infty}\mathrm{d}x\int_0^x xy\mathrm{e}^{-x}\mathrm{d}y$$

$$=\frac{1}{2}\int_0^{+\infty}x^3\mathrm{e}^{-x}\mathrm{d}x$$

$$=\frac{1}{2}\Gamma(4)=\frac{1}{2}\times 3!=3.$$

这里利用了
$$\Gamma(\alpha+1)=\int_0^{+\infty} x^\alpha e^{-x} dx, \Gamma(n+1)=1\times 2\times\cdots\times n=n!.$$
因此,
$$\text{cov}(X,Y)=E(XY)-E(X)\cdot E(Y)=3-2\times 1=1.$$

4.2.5 相关系数

定义 4-5 设 (X,Y) 是二维随机变量且满足 $\sigma_X^2>0, \sigma_Y^2>0$,则称

$$\text{corr}(X,Y)=\frac{\text{cov}(X,Y)}{\sigma_X \sigma_Y} \tag{4-12}$$

为随机变量 X 与 Y 的(线性)**相关系数**,有时也写成 ρ_{XY}.

下面,我们不加证明地列出相关系数的如下性质:
(1) $|\rho_{XY}|\leqslant 1$.(由施瓦茨不等式即可得到)
(2) $\rho_{XY}=1$ 的充要条件是 $P(Y=aX+b)=1$,其中 a,b 为常数.

例 4-7 已知随机变量 $X\sim U(0,6), Y\sim N(3,2^2)$ 且 $\rho_{XY}=0.5$,求 $D(2x-3Y)$.

解 由已知,$X\sim U(0,6), Y\sim N(3,2^2)$,有
$$E(X)=\frac{0+6}{2}=3, \quad D(X)=\frac{(6-0)^2}{12}=3, \quad E(Y)=3, \quad D(Y)=2^2=4.$$

又 $\rho_{XY}=\dfrac{\text{cov}(X,Y)}{\sqrt{D(X)}\cdot\sqrt{D(Y)}}$,得

$$\text{cov}(X,Y)=\rho_{XY}\cdot\sqrt{D(X)}\cdot\sqrt{D(Y)}=0.5\times\sqrt{3}\times 2=\sqrt{3}.$$

因此,由协方差的性质(5)得
$$D(2x-3Y)=4D(X)+9D(Y)-12\text{cov}(X,Y)$$
$$=4\times 3+9\times 4-12\sqrt{3}=48-12\sqrt{3}.$$

例 4-8 (续例 4-6) 求 ρ_{XY}.

解 同理,由式(4-6)(统计学家的无意识法则)得
$$E(X^2)=\iint x^2 f(x,y) dx dy$$
$$=\int_0^{+\infty} dx \int_0^x x^2 e^{-x} dy$$
$$=\int_0^{+\infty} x^3 e^{-x} dx$$
$$=\Gamma(4)=3!=6,$$

$$E(Y^2) = \iint y^2 f(x,y) \,dx\,dy$$
$$= \int_0^{+\infty} dx \int_0^x y^2 e^{-x} \,dy$$
$$= \frac{1}{3} \int_0^{+\infty} x^3 e^{-x} \,dx$$
$$= \frac{1}{3} \Gamma(4) = \frac{1}{3} \times 3! = 2.$$

因此，有
$$D(X) = E(X^2) - E^2(X) = 6 - 1 = 5,$$
$$D(Y) = E(Y^2) - E^2(Y) = 2 - 1 = 1.$$

故
$$\operatorname{corr}(X,Y) = \frac{\operatorname{cov}(X,Y)}{\sigma_X \sigma_Y} = \frac{E(XY) - E(X)E(Y)}{\sqrt{D(X)}\sqrt{D(Y)}}$$
$$= \frac{1}{\sqrt{5}}.$$

4.3 分布的其他特征数

本节介绍几种用来刻画随机变量取值的特征数，这些特征数在数据分析中有重要作用.

4.3.1 k 阶矩

k 阶原点矩：
$$\mu_k = E(X^k)$$

k 阶中心距：
$$v_k = E(X - E(X))^k$$

显然，一阶原点矩就是随机变量的数学期望，二阶中心距就是随机变量的方差. 可以证明：当随机变量 X 的 k 阶矩存在时，其低阶的矩均存在.

4.3.2 变异系数

在比较两个随机变量取值波动的大小时，仅看各自方差值的大小是不合理的，因为：

（1）随机变量取值有量纲（单位），不同量纲的随机变量用方差比较波动性大小不合理；

（2）量纲取值相同时，随机变量的取值大小有相对性.

因此，采用如下无量纲值（称其为随机变量 X 的变异系数）的大小来比较两个随机变量围绕各自均值波动的程度大小：

$$C_v(X) = \frac{\sigma(X)}{E(X)}, \quad E(X) \neq 0.$$

显然，当 $E(X)=0$ 或 $E(Y)=0$ 时，无法通过比较变异系数的大小来判断随机变量 X 和 Y 取值波动的大小.

*4.3.3 分位数（针对连续型随机变量）

设连续型随机变量 X 的分布函数为 $F(x)$，密度函数为 $f(x)$，$\forall\, 0<p<1$.

称满足

$$\sup\left\{x_p : F(x_p) = \int_{-\infty}^{x_p} f(x)\mathrm{d}x = p\right\}$$

的数 x_p 为随机变量 X 的**下侧 p 分位数**.

称满足

$$\inf\left\{x'_p : 1 - F(x'_p) = \int_{x'_p}^{+\infty} f(x)\mathrm{d}x = p\right\}$$

的数 x'_p 为随机变量 X 的**上侧 p 分位数**.

称满足

$$\int_{-\infty}^{x_{0.5}} f(x)\mathrm{d}x = 0.5$$

的数 $x_{0.5}$ 为随机变量 X 的**中位数**.

很多概率问题可以归结为解不等式 $F(x) \leqslant p$，求使此式成立的最大 x.

*4.3.4 偏度系数

"偏度"(skewness)一词是由皮尔逊(1857—1936，英国)于 1895 年首次提出的，用来描述分布（分布律或密度函数）的对称性程度，用偏度系数加以量度.

定义 4.6 若随机变量 X 的前三阶矩存在，称

$$\beta_s = \frac{v_3}{v_2^{3/2}} = \frac{E(X-EX)^3}{[\mathrm{var}(X)]^{3/2}}$$

为 X 的**偏度系数**. 由此式可以看出：

（1）对连续型随机变量 X 而言，当密度函数关于均值对称时，上式的分子为零，$\beta_s = 0$.

(2) 当 $\beta_s \neq 0$ 时,分布(分布律或密度函数)两边关于均值不对称. 如图 4-1 所示,当分布右偏时(随机变量取大数值比取小数值有较大的偏离均值的趋势), $\beta_s > 0$;反之,分布左偏时,$\beta_s < 0$.

(3) 偏度为无量纲量,具有可比性.

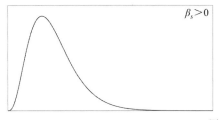 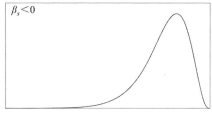

图　4-1

*4.3.5　峰度系数

"峰度"(kurtosis)一词是由皮尔逊(1857—1936,英国)于 1905 年首次提出的,用来描述随机变量分布(分布律或密度函数)的尖峭程度和尾部的粗细程度,用峰度系数来量度.

定义 4-7　若随机变量 X 的前四阶矩存在,称

$$\beta_k = \frac{v_4}{v_2^2} - 3 = \frac{E(X-EX)^4}{[\mathrm{var}(X)]^2} - 3$$

为 X 的**峰度系数**. 由此式可以看出:

(1) 正态分布 $N(\mu,\sigma^2)$ 的峰度系数 $\beta_k = 0$.

(2) 引入随机变量 X 的标准化

$$X^* = \frac{X - E(X)}{\sqrt{D(X)}},$$

则

$$\beta_k = E(X^{*4}) - E(U^4),$$

其中 U 为标准正态分布随机变量,因此,随机变量的峰度系数刻画了标准化后的随机变量与标准正态分布的四阶原点矩的差.

(3) 当 $\beta_k = 0$ 时,说明随机变量标准化后与标准正态分布在尖峭程度、尾部粗细程度上相当;如图 4-2 所示,当 $\beta_k < 0$ 时,说明随机变量标准化后比标准正态分布更平坦或尾部更细;当 $\beta_k > 0$ 时,说明随机变量标准化后比标准正态分布更尖峭或尾部更粗.

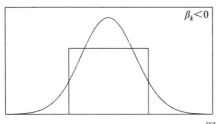 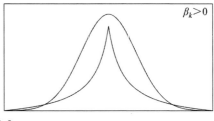

图 4-2

习 题

1. 投掷一颗均匀骰子,以 X 表示出现的点数,求 $E(X)$.

2. 随机投掷一枚均匀硬币两次,以 X 表示正面朝上的次数,求 $E(X)$.

3. 箱子中装有 10 只大小、材质均相同的乒乓球,其中有 2 只次品,现从箱中任取 3 只乒乓球,以 X 表示取到的次品数,求 $E(X)$.

4. 已知离散型随机变量 X 的分布律为 $P(X=k)=\dfrac{2+(-1)^k}{8}, k=1,2,3,4$,求 $E(X)$.

5. 已知连续型随机变量 X 的密度函数 $f(x)=\begin{cases} 3x^2, & 0<x<1, \\ 0, & 其他, \end{cases}$ 求 $E(X)$,$E(X^2)$.

6. 已知连续型随机变量 X 在区间 $(a,2a)$ 上均匀分布且 $E(X)=15$,求常数 a 的值.

7. 已知随机变量 $X \sim b(100,0.2), Y \sim N(-2,3^2)$,求 $E(3X-4Y)$.

8. 已知随机变量 $X \sim \text{Exp}(1)$,求 $E(e^{-2X})$.

9. 已知随机变量 $X \sim U(a,b)$ 且 $E(X)=10, D(X)=12$,求常数 a,b 的值.

10. 已知连续型随机变量 X 的密度函数 $f(x)=\begin{cases} \dfrac{x}{2}, & 0<x<2, \\ 0, & 其他, \end{cases}$ 求 $D(X)$.

11. 小王与小张两人玩剪刀、石头、布的游戏,小王每局赢的概率为 0.4. 假定两人玩了 3 局比赛(每局独立),X 表示小王 3 局中赢的次数,求 $D(X)$.

12. 设二维离散型随机变量 (X,Y) 的联合分布律为

X \ Y	0	1
0	0.3	0.2
1	0.5	0

求 $E(X),E(Y),D(X),D(Y),\text{cov}(X,Y)$ 及 ρ_{XY}.

13. 设二维连续型随机变量 (X,Y) 的联合密度函数为
$$f(x,y)=\begin{cases}x+y, & 0<x<1,0<y<1,\\ 0, & 其他,\end{cases}$$
求 $E(X),E(Y),D(X),D(Y),\text{cov}(X,Y)$ 及 ρ_{XY}.

14. 已知连续型随机变量 X 的密度函数 $f(x)=\begin{cases}3x^2, & 0<x<1,\\ 0, & 其他,\end{cases}$ 求变异系数 $C_v(X)$.

15. 已知随机变量 $X\sim\text{Exp}(1)$,求 $E(X^3)$、变异系数 $C_v(X)$.

第 5 章

大数定律与中心极限定理

以不变应万变,敌变我不变,万变不离其宗.

——中国,春秋,老子,《道德经》

极限定理是概率论的基本理论,也是数理统计的基石之一. 大数定律与中心极限定理是两类基本的极限定理,其中,大数定律探讨随机变量序列的算术平均在一定条件下的稳定性规律;中心极限定理研究大量的随机变量之和的分布在一定条件下的正态分布逼近. 本章将简单介绍这两类极限定理,并给出中心极限定理的若干应用.

*5.1 随机变量序列的两种收敛性

这里,我们简介随机变量序列的两个收敛概念,为大数定律及中心极限定理的证明奠定理论基础. 本节内容不予证明,感兴趣的同学可参阅文献[11]第 4 章.

5.1.1 依概率收敛

定义 5-1 设 $\{X_n\}$ 是一个随机变量序列,X 是一个随机变量. 若对于任意常数 $\varepsilon > 0$,有

$$\lim_{n \to \infty} P(|X_n - X| \geqslant \varepsilon) = 0, \tag{5-1}$$

则称序列 $\{X_n\}$ **依概率收敛于** X,记为

$$X_n \xrightarrow{P} X.$$

依概率收敛的四则运算:

设 $\{X_n\}$,$\{Y_n\}$ 是两个随机变量序列,a,b 是两个常数,如果

$$X_n \xrightarrow{P} a, \quad Y_n \xrightarrow{P} b,$$

则：

(1) $X_n \pm Y_n \xrightarrow{P} a \pm b$；

(2) $X_n \times Y_n \xrightarrow{P} a \times b$；

(3) $X_n \div Y_n \xrightarrow{P} a \div b$，$b \neq 0$.

5.1.2 弱收敛、按分布收敛

定义 5-2 设随机变量 X 和随机变量列 $\{X_n\}$ 的分布函数分别为 $F(x)$ 和 $\{F_n(x)\}$. 若对 $F(x)$ 的任一连续点 x，都有

$$\lim_{n \to \infty} F_n(x) = F(x), \tag{5-2}$$

则称 $\{F_n(x)\}$ **弱收敛**于 $F(x)$，记作

$$F_n(x) \xrightarrow{W} F(x),$$

也称 $\{X_n\}$ **按分布收敛**于 X，记作

$$X_n \xrightarrow{L} X.$$

下面，我们不加证明地介绍两个定理，它们给出了依概率收敛与按分布收敛间的关系.

定理 5-1 若 $X_n \xrightarrow{P} X$，则 $X_n \xrightarrow{L} X$. 反之不一定成立.

定理 5-2 若 c 为常数，则 $X_n \xrightarrow{P} c$ 的充要条件是 $X_n \xrightarrow{L} c$.

5.2 大 数 定 律

5.2.1 大数定律的一般形式

设 $\{X_n\}$ 是一随机变量序列，若对于任意的 $\varepsilon > 0$，有

$$\lim_{n \to \infty} P\left(\left| \frac{1}{n} \sum_{i=1}^{n} X_i - \frac{1}{n} \sum_{i=1}^{n} E(X_i) \right| < \varepsilon \right) = 1, \tag{5-3}$$

即

$$\frac{1}{n} \sum_{i=1}^{n} X_i \xrightarrow{P} \frac{1}{n} \sum_{i=1}^{n} E(X_i),$$

则称该随机变量序列 $\{X_n\}$ 服从**大数定律**.

下面，我们给出切比雪夫不等式，可用它来证明大数定律的几种常见形式，也可用来粗略估计随机变量落入均值附近的概率.

切比雪夫不等式 已知随机变量 X 的期望 $E(X)=\mu$,方差 $D(X)=\sigma^2$ 存在,则 $\forall \varepsilon > 0$,有

$$P\{|X-\mu|\geqslant \varepsilon\} \leqslant \frac{\sigma^2}{\varepsilon^2}. \tag{5-4}$$

证 假设 X 为连续型随机变量,其密度函数为 $f(x)$. 依题意,有

$$P\{|X-\mu|\geqslant \varepsilon\} = \int_{|x-\mu|\geqslant \varepsilon} f(x)\mathrm{d}x \leqslant \int_{|x-\mu|\geqslant \varepsilon} \frac{(x-\mu)^2}{\varepsilon^2}f(x)\mathrm{d}x$$

$$\leqslant \int_{-\infty}^{+\infty} \frac{(x-\mu)^2}{\varepsilon^2}f(x)\mathrm{d}x = \frac{\sigma^2}{\varepsilon^2}.$$

上述第一个不等式成立是因为 $\frac{(x-\mu)^2}{\varepsilon^2}\geqslant 1$;第二个不等式成立是因为在被积函数非负情况下,将积分区域放大了.

5.2.2 几个常见的大数定律

1. 伯努利大数定律

设 S_n 是 n 重伯努利试验中事件 A 发生的次数,p 是事件 A 在每次试验中发生的概率,则对于任意的 $\varepsilon > 0$,有

$$\lim_{n\to\infty} P\left(\left|\frac{S_n}{n}-p\right|<\varepsilon\right) = 1 \text{(频率的稳定性)}. \tag{5-5}$$

证 显然 $S_n \sim b(n,p)$,$E(S_n)=np$,$D(S_n)=np(1-p)$. 取 $X=\frac{S_n}{n}$,则

$$E(X)=E\left(\frac{S_n}{n}\right)=\frac{E(S_n)}{n}=\frac{np}{n}=p,$$

$$D(X)=D\left(\frac{S_n}{n}\right)=\frac{D(S_n)}{n^2}=\frac{np(1-p)}{n^2}=\frac{p(1-p)}{n}.$$

由切比雪夫不等式,$\forall \varepsilon > 0$,

$$P\left(\left|\frac{S_n}{n}-p\right|\geqslant \varepsilon\right) \leqslant \frac{p(1-p)}{n\varepsilon^2},$$

由此得到

$$\lim_{n\to\infty} P\left(\left|\frac{S_n}{n}-p\right|\geqslant \varepsilon\right) = 0.$$

因此

$$\lim_{n\to\infty} P\left(\left|\frac{S_n}{n}-p\right|<\varepsilon\right) = 1 - \lim_{n\to\infty} P\left(\left|\frac{S_n}{n}-p\right|\geqslant \varepsilon\right) = 1.$$

伯努利大数定律说明：随着试验次数 n 的增加，事件 A 发生的频率 $\dfrac{S_A}{n}$ 与事件 A 发生的概率 p 的偏差 $\left|\dfrac{S_A}{n}-p\right|$ 大于事先给定的精度 ε 的可能性趋于 0，此即频率稳定于概率的含义.

2. 切比雪夫大数定律

设 $\{X_n\}$ 为一列两两不相关的随机变量序列，若每个方差 $D(X_i)$ 都存在，且有共同的上界，即

$$D(X_i) \leqslant c, \quad i=1,2,\cdots, \tag{5-6}$$

则 $\{X_n\}$ 服从大数定律.

证 令 $X=\dfrac{1}{n}\sum\limits_{i=1}^{n}X_i$，则

$$E(X)=E\left(\frac{1}{n}\sum_{i=1}^{n}X_i\right)=\frac{1}{n}\sum_{i=1}^{n}E(X_i),$$

$$D(X)=D\left(\frac{1}{n}\sum_{i=1}^{n}X_i\right)=\frac{D\left(\sum\limits_{i=1}^{n}X_i\right)}{n^2}.$$

由于 $\{X_n\}$ 为一列两两不相关的随机变量序列，

$$E(X_iX_j)-E(X_i)E(X_j)=\begin{cases}0, & i\neq j,\\ D(X_i), & i=j,\end{cases}$$

因此

$$D\left(\sum_{i=1}^{n}X_i\right)=E\left(\sum_{i=1}^{n}X_i\right)^2-E^2\left(\sum_{i=1}^{n}X_i\right)$$

$$=\sum_{i=1}^{n}(E(X_i^2)-E^2(X_i))+2\sum_{1\leqslant i<j\leqslant n}(E(X_iX_j)-E(X_i)E(X_j))$$

$$=\sum_{i=1}^{n}D(X_i).$$

又 $D(X_i)\leqslant c$，$i=1,2,\cdots$，由切比雪夫不等式，$\forall \varepsilon>0$，

$$P\left(\left|\frac{1}{n}\sum_{i=1}^{n}X_i-\frac{1}{n}\sum_{i=1}^{n}E(X_i)\right|\geqslant \varepsilon\right)\leqslant \frac{D\left(\sum\limits_{i=1}^{n}X_i\right)}{n^2}\leqslant \frac{nc}{n^2}=\frac{c}{n},$$

由此得到

$$\lim_{n\to\infty}P\left(\left|\frac{1}{n}\sum_{i=1}^{n}X_i-\frac{1}{n}\sum_{i=1}^{n}E(X_i)\right|\geqslant \varepsilon\right)=0.$$

故有
$$\lim_{n\to\infty} P\left(\left|\frac{1}{n}\sum_{i=1}^{n}X_i - \frac{1}{n}\sum_{i=1}^{n}E(X_i)\right| < \varepsilon\right)$$
$$= 1 - \lim_{n\to\infty} P\left(\left|\frac{1}{n}\sum_{i=1}^{n}X_i - \frac{1}{n}\sum_{i=1}^{n}E(X_i)\right| \geqslant \varepsilon\right) = 1,$$

即
$$\frac{1}{n}\sum_{i=1}^{n}X_i \xrightarrow{P} \frac{1}{n}\sum_{i=1}^{n}E(X_i),$$

$\{X_n\}$ 服从大数定律.

*3. 马尔可夫大数定律

对随机变量序列 $\{X_n\}$，若
$$\lim_{n\to\infty}\frac{1}{n^2}D\left(\sum_{i=1}^{n}X_i\right) = 0 \quad \text{（马尔可夫条件）} \tag{5-7}$$
成立，则 $\{X_n\}$ 服从大数定律.

证 令 $X = \frac{1}{n}\sum_{i=1}^{n}X_i$，则
$$E(X) = E\left(\frac{1}{n}\sum_{i=1}^{n}X_i\right) = \frac{1}{n}\sum_{i=1}^{n}E(X_i),$$
$$D(X) = D\left(\frac{1}{n}\sum_{i=1}^{n}X_i\right) = \frac{D\left(\sum_{i=1}^{n}X_i\right)}{n^2}.$$

由切比雪夫不等式，$\forall \varepsilon > 0$，
$$P\left(\left|\frac{1}{n}\sum_{i=1}^{n}X_i - \frac{1}{n}\sum_{i=1}^{n}E(X_i)\right| \geqslant \varepsilon\right) \leqslant \frac{D\left(\sum_{i=1}^{n}X_i\right)}{n^2},$$

由此得到
$$\lim_{n\to\infty} P\left(\left|\frac{1}{n}\sum_{i=1}^{n}X_i - \frac{1}{n}\sum_{i=1}^{n}E(X_i)\right| \geqslant \varepsilon\right) \leqslant \lim_{n\to\infty}\frac{D\left(\sum_{i=1}^{n}X_i\right)}{n^2} = 0.$$

故有
$$\lim_{n\to\infty} P\left(\left|\frac{1}{n}\sum_{i=1}^{n}X_i - \frac{1}{n}\sum_{i=1}^{n}E(X_i)\right| < \varepsilon\right)$$
$$= 1 - \lim_{n\to\infty} P\left(\left|\frac{1}{n}\sum_{i=1}^{n}X_i - \frac{1}{n}\sum_{i=1}^{n}E(X_i)\right| \geqslant \varepsilon\right) = 1,$$

即
$$\frac{1}{n}\sum_{i=1}^{n}X_i \xrightarrow{P} \frac{1}{n}\sum_{i=1}^{n}E(X_i),$$

$\{X_n\}$ 服从大数定律.

下面,我们不加证明地给出辛钦大数定律,它的证明需要用到特征函数等概念.

*4. 辛钦大数定律

设 $\{X_n\}$ 为独立同分布的随机变量序列,$E(X_1)=a$ 存在,则 $\{X_n\}$ 服从大数定律,且

$$Y_n = \frac{1}{n}\sum_{i=1}^{n}X_i \xrightarrow{P} a. \tag{5-8}$$

根据辛钦大数定律可知,如果 $\{X_n\}$ 为独立同分布的随机变量序列且 $E(|X_1|^k)$ 存在,则 $\{X_n^k\}$ 服从大数定律,且

$$\frac{1}{n}\sum_{i=1}^{n}X_i^k \xrightarrow{P} E(X_1^k).$$

借此,在数理统计中,可以将

$$\frac{1}{n}\sum_{i=1}^{n}X_i^k$$

作为 $E(X_1^k)$ 的近似统计量值,将其观察值

$$\frac{1}{n}\sum_{i=1}^{n}x_i^k$$

作为 $E(X_1^k)$ 的近似值.

辛钦大数定律在实际中有广泛应用,它为寻求随机变量数学期望的近似提供理论基础,即只要随机变量 X 的期望存在,就可以用样本均值 $\frac{1}{n}\sum_{i=1}^{n}X_i$ 的观测值 $\frac{1}{n}\sum_{i=1}^{n}x_i$ 来近似 $E(X)$. 同时,辛钦大数定律也为数理统计中的矩估计法提供了理论依据,即用样本的 k 阶原点矩 $\frac{1}{n}\sum_{i=1}^{n}X_i^k$ 的观测值 $\frac{1}{n}\sum_{i=1}^{n}x_i^k$ 作为总体 k 阶原点矩 $E(X_1^k)$ 的近似值.

5.3 中心极限定理

自从高斯(1777—1855,德国)在研究测量误差时导出了正态分布后,人们在生活实践中越来越意识到正态分布的重要性. 这不仅仅是因为很多随机变量的分

布是正态分布,还由于现实世界中许多对象受大量相互独立的随机因素影响,当每一个个别因素在总的影响中所起的作用都微乎其微时,这样的对象往往就近似服从正态分布,这就是中心极限定理的应用背景. 简而言之,中心极限定理主要说明了大量的随机变量之和的分布可用正态分布来逼近.

为简单起见,本节只介绍独立同分布的中心极限定理及其应用.

林德伯格-莱维中心极限定理 设 $\{X_n\}$ 是独立同分布的随机变量序列, $E(X_i)=\mu, D(X_i)=\sigma^2>0$ 存在, $i=1,2,\cdots$. 记

$$Y_n = \frac{\sum_{i=1}^n X_i - E\left(\sum_{i=1}^n X_i\right)}{\sqrt{D\left(\sum_{i=1}^n X_i\right)}} = \frac{\sum_{i=1}^n X_i - n\mu}{\sqrt{n}\sigma},$$

则对任意实数 y,有

$$\lim_{n\to\infty} F_n(y) = \lim_{n\to\infty} P(Y_n \leqslant y) = \frac{1}{\sqrt{2\pi}} \int_{-\infty}^y e^{-t^2/2} dt = \Phi(y), \tag{5-9}$$

即 $Y_n \xrightarrow{L} N(0,1)$.

例 5-1 产品的次品率为 0.02,求 10 000 件产品中次品数不超过 214 的概率.

解 令

$$X_i = \begin{cases} 0, & \text{第 } i \text{ 个产品为正品}, \\ 1, & \text{第 } i \text{ 个产品为次品}, \end{cases} i=1,2,\cdots,1000,$$

显然, $X_1, X_2, \cdots, X_{10\,000}$ 独立且均服从参数 $p=0.02$ 的 0-1 分布,

$$E(X_i)=0.02, \quad D(X_i)=0.02\times 0.98=0.0196, \quad i=1,2,\cdots,10\,000.$$

由林德伯格-莱维中心极限定理可知

$$Y_n = \frac{\sum_{i=1}^n X_i - E\left(\sum_{i=1}^n X_i\right)}{\sqrt{D\left(\sum_{i=1}^n X_i\right)}} = \frac{\sum_{i=1}^{10\,000} X_i - 10\,000 \times 0.02}{\sqrt{10\,000\times 0.0196}}$$

$$= \frac{\sum_{i=1}^{10\,000} X_i - 200}{14} \xrightarrow{L} N(0,1),$$

故所求概率

$$P\left(\sum_{i=1}^{10\,000} X_i \leqslant 214\right) = P\left(\frac{\sum_{i=1}^{10\,000} X_i - 200}{14} \leqslant \frac{214-200}{14}\right) \approx \Phi(1).$$

例 5.2 某种电子元件的使用寿命（小时）的数学期望为 μ（未知），方差 $\sigma^2 = 100$. 为了估计 μ，随机抽取 n 只这种电子元件，在时刻 $t=0$ 一起投入使用（设使用时相互独立）直至失效，测得其寿命分别为 $X_1, X_2, \cdots, X_n$，以 $\overline{X} = \dfrac{1}{n}\sum_{i=1}^{n} X_i$ 作为 μ 的估计. 为了使

$$P(|\overline{X} - \mu| < 1) \geqslant 0.95,$$

问 n 至少应该取多少？

解 依题意，X_i 表示第 i 个元件的使用寿命，$i = 1, 2, \cdots, n$，且

$$E(X_i) = \mu, \quad D(X_i) = 100, \quad E(\overline{X}) = \mu, \quad D(\overline{X}) = \frac{D(X_i)}{n} = \frac{100}{n},$$

由林德伯格-莱维中心极限定理可得

$$Y_n = \frac{\sum_{i=1}^{n} X_i - E\left(\sum_{i=1}^{n} X_i\right)}{\sqrt{D\left(\sum_{i=1}^{n} X_i\right)}} = \frac{\sum_{i=1}^{n} X_i - n\mu}{\sqrt{n \times 100}} = \frac{\frac{1}{n}\sum_{i=1}^{n} X_i - \mu}{10/\sqrt{n}} \quad \text{（分子分母同除 } n\text{）}$$

$$= \frac{\overline{X} - \mu}{10/\sqrt{n}} \xrightarrow{L} N(0, 1),$$

因此，

$$P(|\overline{X} - \mu| < 1) = P\left(\frac{|\overline{X} - \mu|}{10/\sqrt{n}} < \frac{1}{10/\sqrt{n}}\right) = P\left(\frac{|\overline{X} - \mu|}{10/\sqrt{n}} < \frac{\sqrt{n}}{10}\right)$$

$$\approx \Phi\left(\frac{\sqrt{n}}{10}\right) - \Phi\left(-\frac{\sqrt{n}}{10}\right)$$

$$= 2\Phi\left(\frac{\sqrt{n}}{10}\right) - 1.$$

问题转化为求最小的 n，使得

$$2\Phi\left(\frac{\sqrt{n}}{10}\right) - 1 \geqslant 0.95,$$

即 $\Phi\left(\dfrac{\sqrt{n}}{10}\right) \geqslant 0.975 = \Phi(1.96)$. 由 $\Phi(x)$ 的严格递增性，有

$$\frac{\sqrt{n}}{10} \geqslant 1.96, \quad n \geqslant 19.6^2 = 384.16.$$

因此，n 至少应该为 385，才能使得 $P(|\overline{X} - \mu| < 1) \geqslant 0.95$.

例 5-3 为促进公交出行与古城旅游的进一步结合,2018 年 9 月份福建省泉州市推出两条古城旅游专线. 3 年多时间过去了,市政府想了解一下市民及游客对这两条旅游专线的满意率 $p(0<p<1)$. 某调查公司受委托进行调查,随机抽取调查对象,并将调查对象中对旅游专线满意的频率 $\hat{p}$ 作为 p 的估计. 现要保证至少有 95% 的把握使得真实满意率 p 与调查得到的频率 $\hat{p}$ 之间的差异小于 10%,问至少需要调查多少个调查对象?

解 设随机调查了 n 个调查对象. 令

$$X_i = \begin{cases} 1, & \text{第 } i \text{ 个调查对象对旅游专线满意}, \\ 0, & \text{第 } i \text{ 个调查对象对旅游专线不满意}, \end{cases} i=1,2,\cdots,n,$$

显然,$X_1,X_2,\cdots,X_n$ 独立且均服从参数为 p 的 0-1 分布,

$$E(X_i)=p, \quad D(X_i)=p(1-p), \quad i=1,2,\cdots,n.$$

而 $\hat{p}=\dfrac{1}{n}\sum\limits_{i=1}^{n}X_i$. 依题意,所求需满足如下不等式:

$$P(|\hat{p}-p|<10\%)\geqslant 95\%.$$

代入整理后,得

$$P\left(\left|\frac{\frac{1}{n}\sum_{i=1}^{n}X_i-p}{\sqrt{p(1-p)/n}}\right|<\frac{0.1}{\sqrt{p(1-p)/n}}\right)\geqslant 95\%.$$

由林德伯格-莱维中心极限定理可得

$$\frac{\sum\limits_{i=1}^{n}X_i-E\left(\sum\limits_{i=1}^{n}X_i\right)}{\sqrt{D\left(\sum\limits_{i=1}^{n}X_i\right)}}=\frac{\sum\limits_{i=1}^{n}X_i-np}{\sqrt{np(1-p)}}\xrightarrow{L}N(0,1),$$

即

$$\frac{\frac{1}{n}\sum\limits_{i=1}^{n}X_i-p}{\sqrt{p(1-p)/n}}\xrightarrow{L}N(0,1).$$

因此,

$$P\left(\left|\frac{\frac{1}{n}\sum_{i=1}^{n}X_i-p}{\sqrt{p(1-p)/n}}\right|<\frac{0.1}{\sqrt{p(1-p)/n}}\right)\approx\Phi\left(\frac{0.1}{\sqrt{p(1-p)/n}}\right)-\Phi\left(\frac{-0.1}{\sqrt{p(1-p)/n}}\right)$$

$$=2\Phi\left(\frac{0.1}{\sqrt{p(1-p)/n}}\right)-1.$$

所求需满足的不等式转化为

$$2\Phi\left(\frac{0.1}{\sqrt{p(1-p)/n}}\right)-1\geqslant 0.95,$$

即

$$\Phi\left(\frac{0.1}{\sqrt{p(1-p)/n}}\right)\geqslant 0.975.$$

查标准正态分布表知 $\Phi(1.96)=0.975$,由 $\Phi(x)$ 的严格递增性,只需

$$\frac{0.1}{\sqrt{p(1-p)/n}}\geqslant 1.96.$$

这等价于

$$n\geqslant p(1-p)\times 19.6^2.$$

又对任意 $0<p<1$,均有 $0<p(1-p)\leqslant\frac{1}{4}$,所以,我们需取 n,使之满足

$$n\geqslant\frac{1}{4}\times 19.6^2=96.04.$$

因此,至少需要调查 97 个调查对象才能满足要求.

习 题

1. 某聚会现场提供一瓶 6000mL 的红酒,假定参会者每次所倒红酒量服从同一分布,数学期望为 100mL,方差为 32^2mL^2. 若每次倒酒独立,求倒了 55 次后该瓶红酒仍有剩余的概率.

2. 有一批修复古建筑用的木柱,其中 80% 的长度不小于 3m,现从这批木柱中随机抽取 100 根,问长度短于 3m 的木柱数目不超过 28 的概率大约是多少?

3. 一复杂系统由 100 个相互独立工作的部件组成,在系统的整个运行期间,每个部件无法正常工作的概率均为 0.1. 为了使整个系统正常工作,至少须有 84 个部件能同时正常工作,求整个系统正常工作的近似概率.

4. 随机抽取 100 名学生到实验室测量某种化合物的 pH 值. 假定每个学生测量的结果 $X_i(i=1,2,\cdots,100)$ 是独立同分布的随机变量,且数学期望为 5,方差为 0.36,$\overline{X}=\frac{1}{100}\sum_{i=1}^{100}X_i$,求 $P(4.94\leqslant\overline{X}\leqslant 5.06)$.

5. 某药厂断言,其生产的某种新药对于医治某种传染病的治愈率为 0.8. 医院任意抽查 100 个服用此药品的病人,若其中多于 76 人治愈,就接受药厂的断言,否则就拒绝此断言.求医院接受此断言的近似概率.

6. 某小区有 400 住户,每一住户拥有的汽车数量 X 的分布律为

X	0	1	2
p	0.1	0.6	0.3

问该小区至少要配置多少停车位,才能使每辆汽车都具有一个停车位的概率至少为 0.95?

习 题 答 案

第 2 章习题

1. (1) {单数,双数};　　(2) {是,否}.

2. $A \cap B = \varnothing$, $A \cup B = \{(1,6),(2,5),(3,4),(4,3),(5,2),(6,1),(1,1),(1,3),(1,5),(3,1),(3,3),(3,5),(5,1),(5,3),(5,5)\}$, $A-B=A$, $B-A=B$.

3. (1) $\frac{1}{3}$;　　(2) $\frac{1}{12}$.

4. $0.1, 0.7$.

5. $\frac{5}{42}$.

6. (1) $\frac{1}{21}$;　　(2) $\frac{10}{21}$;　　(3) $\frac{37}{42}$.

7. $\frac{1}{36}$.

8. $\frac{16}{33}$.

9. $\frac{9^n - 8^n - 5^n + 4^n}{9^n}$.

10. $\frac{3}{4}$.

11. (1) 0.963;　　(2) $\frac{32}{107}$.

12. (1) $\frac{784}{2025}$;　　(2) $\frac{15}{28}$.

13. (1) 0.525;　　(2) $\frac{6}{7}$.

14. (1) $0.382\,347$;　　(2) $0.867\,349$.

15. 一球定胜负.

16. (1) 0.0729； (2) 0.99954.

17. $\dfrac{1}{2-p} > \dfrac{1-p}{2-p}$，故先射击者处于优势地位.

18. 设一个人每说一件事造成对方不适的概率为 $p(0<p<1)$，则说 n 件事至少有一件事造成对方不适的概率为 $1-(1-p)^n \approx 1$(当 n 很大时).

第 3 章习题

1.

X	0	1	2
p	$\dfrac{2}{7}$	$\dfrac{4}{7}$	$\dfrac{1}{7}$

2. $\dfrac{27}{13}$.

3. $F(x) = \begin{cases} 0, & x<1, \\ \dfrac{1}{4}, & 1 \leqslant x < 2, \\ \dfrac{3}{4}, & 2 \leqslant x < 3, \\ 1, & x \geqslant 3. \end{cases}$

4. (1)

X	1	2	3
p	$\dfrac{3}{5}$	$\dfrac{3}{10}$	$\dfrac{1}{10}$

(2) $F(x) = \begin{cases} 0, & x<1, \\ \dfrac{3}{5}, & 1 \leqslant x < 2, \\ \dfrac{9}{10}, & 2 \leqslant x < 3, \\ 1, & x \geqslant 3. \end{cases}$

5. $P(X=n) = p(1-p)^{n-1}, n=1,2,\cdots$.

6. (1) $\dfrac{1}{4}$； (2) $\dfrac{1}{27}$.

7. (1) $\dfrac{1}{3}\left(\text{或}\dfrac{2}{3}\right)$;   (2) $\dfrac{19}{27}\left(\text{或}\dfrac{26}{27}\right)$.

8. 0.3413.

9. 4.

10. (1) 2;   (2) $F(x)=\begin{cases}0, & x\leqslant 0,\\ x^2, & 0<x<1,\\ 1, & x\geqslant 1;\end{cases}$ (3) $\dfrac{5}{16}$.

11. $\dfrac{7}{11}$.

12. $P(Y=k)=C_4^k e^{-k}(1-e^{-1})^{4-k}, k=0,1,2,3,4$.

13.

Y	−1	0	1
p	$\dfrac{4}{15}$	$\dfrac{2}{3}$	$\dfrac{1}{15}$

14. (1)

X \ Y	0	1	2
0	$\dfrac{3}{15}$	$\dfrac{6}{15}$	$\dfrac{1}{15}$
1	$\dfrac{3}{15}$	$\dfrac{2}{15}$	0

(2)

Z_1	−1	0	1	2
p	$\dfrac{3}{15}$	$\dfrac{5}{15}$	$\dfrac{6}{15}$	$\dfrac{1}{15}$

(3)

Z_2	0	1
p	$\dfrac{13}{15}$	$\dfrac{2}{15}$

15. (1) $\dfrac{1}{8}$;   (2) $\dfrac{7}{8}$;   (3) $f_X(x)=\begin{cases}\dfrac{x}{4}+\dfrac{1}{4}, & 0<x<2,\\ 0, & \text{其他};\end{cases}$

(4) $F_Z(z) = \begin{cases} 0, & z \leqslant 0, \\ \dfrac{z^3}{24}, & 0 < z < 2, \\ \dfrac{z}{2} - \dfrac{(z-2)^3}{24} - \dfrac{2}{3}, & 2 \leqslant z < 4, \\ 1, & z \geqslant 4. \end{cases}$

第 4 章习题

1. $\dfrac{7}{2}$.

2. 1.

3. $\dfrac{3}{5}$.

4. $\dfrac{11}{4}$.

5. $\dfrac{3}{4}, \dfrac{3}{5}$.

6. 10.

7. 68.

8. $\dfrac{1}{3}$.

9. $a = 4, b = 16$.

10. $\dfrac{2}{9}$.

11. 0.72.

12. $E(X) = 0.2, E(Y) = 0.5, D(X) = 0.16, D(Y) = 0.25, \operatorname{cov}(X,Y) = -0.1, \rho_{XY} = -0.5$.

13. $E(X) = E(Y) = \dfrac{7}{12}, D(X) = D(Y) = \dfrac{11}{144}, \operatorname{cov}(X,Y) = -\dfrac{1}{144}, \rho_{XY} = -\dfrac{1}{11}$.

14. $\dfrac{\sqrt{15}}{15}$.

15. $E(X^3) = 6, C_v(X) = 1$.

第 5 章习题

1. 0.9826.
2. 0.9772.
3. 0.7357.
4. 0.6826.
5. 0.8413.
6. $x \geqslant 500$.

参 考 文 献

[1] 约翰·梅娜德·凯恩斯. 论概率[M]. 杨美玲,编译. 武汉:湖北科学技术出版社,2017.
[2] 杰弗里·S.罗森塔尔. 雷劈的真相:神奇的概率事件[M]. 吴闻,编译. 上海:上海科技教育出版社,2013.
[3] 运怀立. 概率论的思想与方法[M]. 北京:中国人民大学出版社,2008.
[4] BERTSEKAS D P, TSITSIKLIS J N. 概率导论[M]. 郑忠国,童行伟,编译. 修订版2版. 北京:人民邮电出版社,2016.
[5] 潘鑫. 考研数学三部曲之大话概率论与数理统计[M]. 北京:清华大学出版社,2015.
[6] 林正炎,苏中根,张立新. 概率论[M]. 3版. 杭州:浙江大学出版社,2014.
[7] 茆诗松,贺思辉. 概率论与统计学[M]. 武汉:武汉大学出版社,2010.
[8] 伍锦棠,王朝祥. 微积分[M]. 北京:清华大学出版社,2019.
[9] 何书元. 概率论[M]. 北京:北京大学出版社,2006.
[10] 郭民之. 概率论与数理统计[M]. 北京:科学出版社,2012.
[11] 茆诗松,程依明,濮晓龙. 概率论与数理统计教程[M]. 2版. 北京:高等教育出版社,2011.
[12] 盛骤,谢式千,潘承毅. 概率与数理统计[M]. 4版. 北京:高等教育出版社,2008.
[13] 华东师范大学数学学院. 数学分析[M]. 5版. 北京:高等教育出版社,2019.

附录 标准正态分布函数表

$$\Phi(x) = \frac{1}{\sqrt{2\pi}} \int_{-\infty}^{x} e^{-\frac{t^2}{2}} dt$$

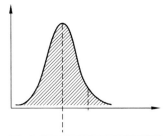

	0	0.01	0.02	0.03	0.04	0.05	0.06	0.07	0.08	0.09
0	0.5	0.504	0.508	0.512	0.516	0.5199	0.5239	0.5279	0.5319	0.5359
0.1	0.5398	0.5438	0.5478	0.5517	0.5557	0.5596	0.5636	0.5675	0.5714	0.5753
0.2	0.5793	0.5832	0.5871	0.591	0.5948	0.5987	0.6026	0.6064	0.6103	0.6141
0.3	0.6179	0.6217	0.6255	0.6293	0.6331	0.6368	0.6406	0.6443	0.648	0.6517
0.4	0.6554	0.6591	0.6628	0.6664	0.67	0.6736	0.6772	0.6808	0.6844	0.6879
0.5	0.6915	0.695	0.6985	0.7019	0.7054	0.7088	0.7123	0.7157	0.719	0.7224
0.6	0.7257	0.7291	0.7324	0.7357	0.7389	0.7422	0.7454	0.7486	0.7517	0.7549
0.7	0.758	0.7611	0.7642	0.7673	0.7703	0.7734	0.7764	0.7794	0.7823	0.7852
0.8	0.7881	0.791	0.7939	0.7967	0.7995	0.8023	0.8051	0.8078	0.8106	0.8133
0.9	0.8159	0.8186	0.8212	0.8238	0.8264	0.8289	0.8315	0.834	0.8365	0.8389
1.0	0.8413	0.8438	0.8461	0.8485	0.8508	0.8531	0.8554	0.8577	0.8599	0.8621
1.1	0.8643	0.8665	0.8686	0.8708	0.8729	0.8749	0.877	0.879	0.881	0.883
1.2	0.8849	0.8869	0.8888	0.8907	0.8925	0.8944	0.8962	0.898	0.8997	0.9015
1.3	0.9032	0.9049	0.9066	0.9082	0.9099	0.9115	0.9131	0.9147	0.9162	0.9177
1.4	0.9192	0.9207	0.9222	0.9236	0.9251	0.9265	0.9278	0.9292	0.9306	0.9319
1.5	0.9332	0.9345	0.9357	0.937	0.9382	0.9394	0.9406	0.9418	0.943	0.9441
1.6	0.9452	0.9463	0.9474	0.9484	0.9495	0.9505	0.9515	0.9525	0.9535	0.9545
1.7	0.9554	0.9564	0.9573	0.9582	0.9591	0.9599	0.9608	0.9616	0.9625	0.9633
1.8	0.9641	0.9648	0.9656	0.9664	0.9671	0.9678	0.9686	0.9693	0.97	0.9706

续表

	0	0.01	0.02	0.03	0.04	0.05	0.06	0.07	0.08	0.09
1.9	0.9713	0.9719	0.9726	0.9732	0.9738	0.9744	0.975	0.9756	0.9762	0.9767
2.0	0.9772	0.9778	0.9783	0.9788	0.9793	0.9798	0.9803	0.9808	0.9812	0.9817
2.1	0.9821	0.9826	0.983	0.9834	0.9838	0.9842	0.9846	0.985	0.9854	0.9857
2.2	0.9861	0.9864	0.9868	0.9871	0.9874	0.9878	0.9881	0.9884	0.9887	0.989
2.3	0.9893	0.9896	0.9898	0.9901	0.9904	0.9906	0.9909	0.9911	0.9913	0.9916
2.4	0.9918	0.992	0.9922	0.9925	0.9927	0.9929	0.9931	0.9932	0.9934	0.9936
2.5	0.9938	0.994	0.9941	0.9943	0.9945	0.9946	0.9948	0.9949	0.9951	0.9952
2.6	0.9953	0.9955	0.9956	0.9957	0.9959	0.996	0.9961	0.9962	0.9963	0.9964
2.7	0.9965	0.9966	0.9967	0.9968	0.9969	0.997	0.9971	0.9972	0.9973	0.9974
2.8	0.9974	0.9975	0.9976	0.9977	0.9977	0.9978	0.9979	0.9979	0.998	0.9981
2.9	0.9981	0.9982	0.9982	0.9983	0.9984	0.9984	0.9985	0.9985	0.9986	0.9986
3.0	0.9987	0.999	0.9993	0.9995	0.9997	0.9998	0.9998	0.9999	0.9999	1